Dallel Nasri

Meta-heurísticas inovadoras

Dallel Nasri

Meta-heurísticas inovadoras

Da teoria às soluções de engenharia

ScienciaScripts

Imprint

Cover image: www.ingimage.com

This book is a translation from the original published under ISBN 978-620-6-77438-9.

Publisher:
Sciencia Scripts
is a trademark of
Dodo Books Indian Ocean Ltd. and OmniScriptum S.R.L publishing group

120 High Road, East Finchley, London, N2 9ED, United Kingdom
Str. Armeneasca 28/1, office 1, Chisinau MD-2012, Republic of Moldova, Europe
Printed at: see last page
ISBN: 978-620-8-19318-8

Conteúdo

Introdução geral

A otimização, muitas vezes referida como conceção óptima, tornou-se uma ferramenta fundamental em quase todos os sectores industriais, servindo como uma força motriz por detrás de melhorias económicas, tecnológicas e de qualidade. É um objetivo central na produção industrial, visando a otimização de processos, produtos, equipamentos, métodos analíticos e sistemas de informação em todas as fases - quer a montante, durante a produção ou a jusante. O âmbito da otimização é vasto, abrangendo melhorias que afectam diretamente a eficiência, a relação custo-eficácia e o desempenho global.

Um problema de otimização é definido por três componentes-chave: um conjunto de variáveis de decisão, uma função objetivo e uma série de restrições. O espaço de pesquisa é o conjunto de todas as soluções possíveis que satisfazem as restrições. O objetivo da otimização é encontrar a(s) melhor(es) solução(ões) através da minimização ou maximização da função objetivo, respeitando as restrições. Alguns problemas de otimização, particularmente os que envolvem sistemas de grande escala ou altamente complexos, são difíceis de resolver utilizando métodos convencionais. Estes desafios exigem a utilização de algoritmos avançados, nomeadamente métodos aproximados como as heurísticas e metaheurísticas.

Os algoritmos metaheurísticos são uma classe de técnicas de otimização inspiradas em fenómenos naturais, incluindo a evolução biológica, a inteligência de enxame e os processos físicos. Estes algoritmos têm sido objeto de investigação aprofundada e têm sido amplamente aplicados na resolução de problemas complexos do mundo real. A eficácia dos algoritmos de inspiração biológica depende em grande medida da obtenção de um equilíbrio cuidadoso entre exploração e aproveitamento. A exploração refere-se à capacidade do algoritmo de pesquisar exaustivamente o espaço global para evitar ficar preso em óptimos locais, enquanto a exploração se concentra na pesquisa intensiva das áreas identificadas como promissoras para aperfeiçoar as soluções. A natureza estocástica destes algoritmos permite a melhoria iterativa das soluções, convergindo gradualmente para a solução óptima.

Apesar dos seus pontos fortes, os algoritmos metaheurísticos não estão isentos de limitações. Questões como a convergência lenta e a convergência prematura para óptimos locais podem impedir o seu desempenho, especialmente em espaços de pesquisa multidimensionais e multimodais. Para fazer face a estes desafios, os algoritmos necessitam frequentemente de modificações que melhorem a sua capacidade de explorar o espaço de pesquisa de forma mais eficaz e de explorar as melhores soluções de forma mais eficiente.

Este livro é dedicado ao desenvolvimento de novas variantes de algoritmos de otimização biologicamente inspirados, com particular incidência no Algoritmo de Enxame de Salp (SSA) e no Algoritmo de Otimização de Gafanhoto (GOA). O livro apresenta duas versões melhoradas de cada algoritmo, incorporando técnicas avançadas como o método de voo de Levy, a função espiral logarítmica e o mecanismo de cruzamento aritmético. Estas melhorias foram concebidas para manter um elevado nível de exploração global, assegurando uma interação equilibrada entre exploração e aproveitamento, o que é crucial para obter resultados de otimização mais rápidos e mais precisos. O desempenho dos algoritmos propostos é rigorosamente avaliado numa série de problemas de otimização, incluindo problemas de objetivo único, multi-objetivo e com restrições, utilizando um conjunto abrangente de funções de teste de referência.

O livro está estruturado em quatro capítulos pormenorizados, cada um dos quais apresenta uma análise exaustiva dos fundamentos teóricos, das melhorias algorítmicas e das aplicações práticas destas técnicas metaheurísticas avançadas.

O primeiro capítulo aborda os princípios fundamentais dos algoritmos metaheurísticos. Este capítulo começa com uma visão abrangente das metaheurísticas, explorando a sua origem, evolução e os princípios-chave que orientam a sua conceção e implementação. Apresenta ao leitor os conceitos básicos de otimização, as diferenças entre métodos determinísticos e estocásticos e a razão pela qual as metaheurísticas se tornaram uma ferramenta poderosa para resolver problemas de otimização complexos que, de outra forma, seriam intratáveis para os métodos clássicos. Além disso, o capítulo aborda várias categorias de algoritmos metaheurísticos, como os algoritmos evolutivos, os algoritmos de inteligência de enxame e os métodos de pesquisa local, destacando as vantagens e os desafios associados a cada abordagem. É dada especial atenção ao conceito de exploration e exploitation, aos mecanismos de equilíbrio e à importância da diversidade no processo de pesquisa para evitar a convergência prematura.

O segundo capítulo centra-se especificamente em dois algoritmos de otimização proeminentes: o Algoritmo de Enxame de Salp (SSA) e o Algoritmo de Otimização Grasshopper (GOA). Estes algoritmos são selecionados devido aos seus mecanismos únicos de geração de novas soluções no espaço de pesquisa. O capítulo começa por apresentar o SSA, explicando a sua inspiração biológica no comportamento de enxameação das salpas e as modificações propostas neste estudo. O Algoritmo de Enxame de Salpas Melhorado (ISSA) integra técnicas avançadas, como o voo de Levy, que melhora as capacidades de exploração do algoritmo, permitindo-lhe dar longos saltos no espaço de pesquisa, e a função espiral logarítmica, que ajuda a afinar as soluções. O capítulo passa depois para o Algoritmo de Otimização de Gafanhotos (GOA), conhecido pela sua capacidade de simular o comportamento natural dos gafanhotos na localização de fontes de alimento.

O Algoritmo de Otimização de Gafanhoto Melhorado (IGOA) aqui introduzido incorpora um mecanismo de cruzamento aritmético, emprestado dos algoritmos genéticos, para aumentar a diversidade de soluções e evitar óptimos locais. Descrevem-se configurações experimentais detalhadas, em que o desempenho do ISSA e do IGOA é rigorosamente testado em 18 funções de teste de referência e em quatro problemas desafiantes de projeto de engenharia: projeto de vaso de pressão, projeto de viga soldada, projeto de mola de tensão/compressão e projeto de viga cantilever. Os resultados, comparados com os algoritmos originais SSA e GOA e com outros métodos do estado da arte, demonstram as melhorias significativas em termos de eficiência, velocidade de convergência e qualidade da solução, resultantes das modificações propostas.

O terceiro capítulo expande os fundamentos teóricos da otimização multiobjectivo, uma área de importância significativa em aplicações do mundo real em que os compromissos entre objectivos conflituantes devem ser cuidadosamente geridos. O capítulo introduz conceitos fundamentais como a optimalidade de Pareto, a dominância e a construção de frentes de Pareto. É dada especial ênfase à adaptação do GOA a problemas multiobjectivo, levando ao desenvolvimento do Algoritmo de Otimização Levy Multi-Objetivo Grasshopper (LMOGOA). Este novo algoritmo combina os pontos fortes tradicionais do GOA com o mecanismo de voo do Levy, aumentando a sua capacidade de explorar diversas regiões do espaço de soluções e gerar uma vasta gama de soluções Pareto-óptimas.

O capítulo apresenta uma análise exaustiva do desempenho do LMOGOA, demonstrando a sua superioridade na manutenção da diversidade e na obtenção de uma melhor convergência para a frente de Pareto em comparação com outras técnicas de otimização multi-objetivo. Adicionalmente, o capítulo discute a aplicação do LMOGOA a problemas multi-objetivo com e sem restrições, demonstrando a sua versatilidade e robustez no tratamento de cenários de otimização complexos.

O quarto capítulo é dedicado à aplicação prática do algoritmo Levy Flight Salp Swarm Algorithm (LSSA) melhorado para a identificação de parâmetros de modelos comerciais de células solares de silício, especificamente os módulos R.T.C. France e Photowatt-PWP201. Este capítulo faz a ponte entre a teoria e a prática, ilustrando como os avanços teóricos efectuados nos capítulos anteriores podem ser aplicados para resolver problemas de engenharia do mundo real. A LSSA é utilizada para estimar com precisão os parâmetros dos modelos de células solares, o que é crucial para otimizar o seu desempenho e eficiência. O capítulo detalha a configuração experimental, os métodos de recolha de dados e o processo de otimização, seguido de uma análise aprofundada dos resultados. As conclusões revelam um elevado grau de semelhança entre os parâmetros estimados e os dados experimentais, sublinhando a eficácia da LSSA. As comparações com outros algoritmos demonstram a precisão superior, a convergência mais rápida e a robustez da LSSA, tornando-a uma ferramenta poderosa para a identificação de parâmetros de células solares e potencialmente outras aplicações semelhantes em sistemas de energias renováveis.

Este livro conclui com um resumo das principais contribuições feitas neste estudo, destacando os avanços no campo da otimização metaheurística através do desenvolvimento dos algoritmos ISSA, IGOA, LMOGOA e LSSA. Os resultados das experiências não só demonstram a eficácia destes algoritmos, como também abrem novos caminhos para investigação futura. As potenciais direcções para investigação futura incluem a aplicação destes algoritmos a outros problemas de otimização complexos e dinâmicos, a exploração de abordagens híbridas que combinem diferentes técnicas metaheurísticas e o desenvolvimento de algoritmos mais adaptáveis e escaláveis que possam lidar com desafios de otimização em grande escala e de elevada dimensão. A conclusão enfatiza o significado destas contribuições para o campo da otimização metaheurística e o seu potencial impacto numa vasta gama de disciplinas científicas e de engenharia.

CAPÍTULO 1

1. Meta-heurísticas para otimização

Este capítulo apresenta uma visão geral dos algoritmos metaheurísticos inspirados em processos naturais e físicos, realçando o seu papel na resolução de problemas de otimização complexos. Destaca o equilíbrio entre as fases de exploração e de aproveitamento e discute a avaliação destes algoritmos utilizando critérios de referência e medidas de desempenho.

1.1 Introdução

O desenvolvimento de metaheurísticas surgiu como uma resposta fundamental aos desafios e limitações enfrentados pelas heurísticas tradicionais na geração de soluções de alta qualidade para problemas de otimização complexos. Estes algoritmos são mais sofisticados e intrincados do que as heurísticas simples, capazes de fornecer soluções superiores para problemas de investigação operacional e de engenharia para os quais não existem métodos convencionais eficientes, ou em que a resolução do problema exige um tempo computacional ou uma capacidade de armazenamento substanciais. Um dos atributos mais atraentes das metaheurísticas é a sua capacidade de equilibrar o tempo de execução com a qualidade das soluções produzidas. Ao contrário de outras metodologias de resolução de problemas, as metaheurísticas oferecem uma sinergia notável entre a duração do processamento algorítmico e a excelência dos resultados obtidos, tornando-as ferramentas inestimáveis para enfrentar desafios de otimização complexos e em grande escala. Para recolher informações, explorar a área de pesquisa e resolver dificuldades como a explosão combinatória, a grande maioria das metaheurísticas baseia-se em processos aleatórios e iterativos. Ao contrário das heurísticas, que são concebidas para resolver um problema específico, as metaheurísticas são suficientemente flexíveis para lidar com uma vasta gama de problemas.

Muitas metaheurísticas são inspiradas em sistemas naturais de várias disciplinas, como a biologia (algoritmos evolutivos genéticos), a física (recozimento simulado) e a etologia (algoritmos de colónias de formigas). Consequentemente, um dos maiores desafios na criação de metaheurísticas é encontrar métodos que facilitem o processo de seleção de soluções e ajustem as suas caraterísticas para se adequarem a problemas específicos. As metaheurísticas podem ser classificadas de diferentes formas. Uma distinção fundamental é entre as que trabalham com uma população de soluções e as que se concentram numa única solução de cada vez. Os métodos de pesquisa local, também conhecidos como métodos de trajetória, aperfeiçoam uma solução através de uma série de ensaios repetitivos. Ao procurar avançar para os melhores resultados possíveis, estas estratégias constroem uma trajetória no espaço de soluções possíveis. A pesquisa Tabu e o recozimento simulado são dois exemplos bem conhecidos destas técnicas. Por outro lado, os algoritmos baseados em populações, como os algoritmos genéticos, a otimização por enxame de partículas e os algoritmos de colónia de formigas, utilizam uma diversidade de soluções para explorar o espaço de pesquisa. Estas abordagens baseiam-se em mecanismos naturais de seleção, cooperação e evolução para encontrar soluções óptimas de forma eficiente e robusta. Estes algoritmos provaram a sua eficácia numa variedade de contextos de otimização complexos, distinguindo-se pela sua capacidade de explorar a diversidade para melhorar a qualidade das soluções propostas.

1.2 Problemas de otimização

Atualmente, os engenheiros e cientistas atribuem grande importância aos problemas de otimização. Aplicam estas técnicas numa variedade de contextos, desde o desenvolvimento de sistemas mecânicos à análise de imagens, ao estudo da eletrónica e à investigação operacional. O objetivo da resolução de um problema de otimização é encontrar a(s) solução(ões) x^* de entre um conjunto de soluções S (também chamado espaço de decisão ou espaço de pesquisa) que minimize (ou maximize) uma função que avalia a qualidade dessa solução [1, 2]. Os problemas de otimização podem ser divididos em duas categorias: problemas de otimização de objetivo único (SOPs) e problemas de otimização multi-objetivo (MOPs), dependendo do número de objectivos a atingir [1]. Os SOPs envolvem a minimização ou maximização de um único objetivo, muitas vezes representado por um único vetor de decisão. Os MOP, por outro lado, envolvem vários objectivos, muitas vezes contraditórios, o que significa que não existe uma solução única capaz de otimizar simultaneamente todos os objectivos. Em vez disso, existe um conjunto de soluções conhecidas como soluções óptimas de Pareto, que ilustram as soluções de compromisso entre diferentes objectivos.

A distinção entre estes tipos de problemas é crucial para a conceção e aplicação de métodos de otimização. Para um SOP, o algoritmo tem como objetivo encontrar a melhor solução possível de acordo com um único critério. Em contrapartida, para um MOP, o algoritmo procura determinar um conjunto de soluções de compromisso, cada uma representando um equilíbrio diferente entre objectivos contraditórios. Isto requer técnicas avançadas para navegar eficientemente no espaço de soluções e identificar soluções de Pareto de forma eficiente e exacta. Consequentemente, a capacidade de resolver problemas de otimização de forma eficiente tornou-se um elemento-chave em muitos domínios científicos e industriais, permitindo avanços significativos no desempenho e na qualidade dos sistemas estudados. Foram desenvolvidas várias técnicas de otimização para resolver uma grande variedade de problemas de otimização. Estas técnicas podem ser divididas em duas grandes categorias: algoritmos determinísticos e algoritmos estocásticos. Os algoritmos determinísticos, frequentemente baseados em gradientes ou direcções, incluem técnicas como o método de Newton e o método de escalada. Estes métodos são eficazes para problemas unimodais. No entanto, o seu desempenho diminui consideravelmente quando não existe informação suficiente sobre o gradiente. Esta situação é comum nos problemas de otimização do mundo real, em que a não linearidade, a não diferenciabilidade e a multimodalidade impedem o acesso a informações explícitas sobre o gradiente [3].

Ao contrário dos métodos determinísticos, os algoritmos estocásticos baseiam-se em mecanismos de aleatorização. Embora nem sempre garantam a descoberta das melhores soluções, são robustos para uma variedade de problemas complexos do mundo real com pouco conhecimento prévio. Entre estes algoritmos, os que se inspiram na natureza, como a otimização por enxame de partículas (PSO) e os algoritmos evolutivos (EA), têm registado um rápido desenvolvimento nos últimos anos. A ideia subjacente a estes algoritmos é tirar partido de fenómenos ou mecanismos naturais para resolver problemas de otimização. As técnicas de otimização exacta permitem encontrar uma solução em tempo finito, muitas vezes de forma polinomial. Estes métodos, como a técnica do gradiente, o método de Newton e o método Branch and Bound, são determinísticos, na medida em que garantem o melhor resultado projetado num número finito de passos, quer por derivação, quer por exploração de todas ou algumas das soluções possíveis. A otimização difícil representa uma classe de problemas de

otimização que não podem ser resolvidos em tempo polinomial ou por um método exato, devido às caraterísticas da função objetivo, como a não convexidade, a continuidade e a derivabilidade. Esta categoria inclui problemas de otimização combinatória, problemas de programação não linear, problemas de otimização global e problemas de pesquisa de otimizaçãc multi-objetivo.
Para resolver estes difíceis problemas de otimização, são frequentemente utilizados métodos aproximados ou heurísticos. Estes métodos fornecem soluções aproximadas num tempo limitado, mas sem garantir a qualidade das soluções obtidas. Quando uma heurística pode ser generalizada a vários tipos de problemas sem alterações significativas, é designada por metaheurística. Estas incluem o recozimento simulado, o método do vizinho mais próximo, a pesquisa tabu e o método da colónia de formigas. Estas abordagens são geralmente aplicadas a problemas de otimização combinatória, programação não linear e pesquisa global.

1.3 Meta-heurísticas

Glover utilizou o termo "metaheurística" em 1986 para descrever heurísticas de carácter geral. O termo inclui o prefixo grego "meta", que significa "para além" ou "a um nível superior" (Glover, 1986). Estes métodos combinam uma ou mais heurísticas, eventualmente procedimentos de alto ou baixo nível, como a pesquisa aleatória ou local, com estratégias para uma exploração eficiente do espaço de pesquisa. O objetivo é encontrar um equilíbrio entre a exploração da experiência de pesquisa acumulada (intensificação) e a exploração de novas regiões do espaço de pesquisa (diversificação). Uma técnica de alto nível, por exemplo, poderia incluir a pesquisa local ou aleatória, permitindo a rápida identificação de regiões potencialmente ricas em soluções de alta qualidade e poupando tempo gasto na exploração de regiões menos promissoras.
As metaheurísticas são algoritmos iterativos que incorporam uma componente aleatória. Percorrem o espaço de pesquisa utilizando uma variedade de estratégias para gerar soluções. Estes algoritmos são frequentemente inspirados na física,

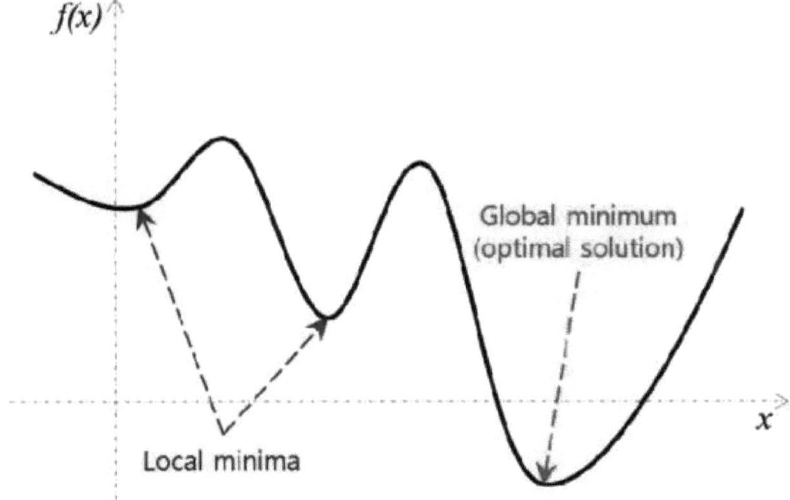

Figura 1.1: Problema de minimização

sistemas biológicos ou etológicos. A sua capacidade de agregar diferentes problemas de otimização difíceis sem exigir modificações estruturais confere-lhes a caraterística de "meta". A representação do problema e a modificação dos operadores de pesquisa são parte integrante da solução adaptada ao problema específico.

Para ilustrar, consideremos uma função de custo variável contínua representada no domínio de pesquisa [a, b] (Figura 1.1). Neste espaço, é avaliada uma população de soluções diferentes. O valor ótimo desta função para resolver um problema de minimização é identificado como x. No entanto, esta função tem vários óptimos locais que podem desviar a pesquisa. Para se aproximar do valor de x, a metaheurística desloca iterativamente estas soluções, aplicando várias tácticas. De um modo geral, uma metaheurística utiliza a informação oferecida pela vizinhança imediata de cada solução (progredindo na direção que melhora o resultado da função), pela vizinhança de soluções adjacentes ou por outras boas soluções já encontradas.

Estes métodos evitam assim a convergência prematura e a paragem em pontos sub-óptimos, o que lhes confere um desempenho superior ao das heurísticas tradicionais. As metaheurísticas são, portanto, ferramentas poderosas para resolver problemas de otimização complexos e variados.

Os algoritmos metaheurísticos inspirados na natureza abordam problemas de otimização imitando processos biológicos ou físicos [4]. Estes algoritmos são utilizados para aproximar soluções para problemas de otimização difíceis, para os quais ainda não estão disponíveis abordagens clássicas mais eficientes. Os problemas de otimização do mundo real são um contexto popular para a sua aplicação. Normalmente, as funções objetivo não lineares e os conjuntos de dados extremamente grandes são caraterísticas dos problemas NP-difíceis, o tipo de problema mais frequentemente encontrado em cenários do mundo real. Nestas condições, resolvê-los com métodos exactos num período de tempo razoável é simplesmente impossível. Encontrar um equilíbrio entre o tempo de computação e a exatidão dos resultados é essencial para resolver problemas do mundo real.

Existem muitos tipos de metaheurísticas, que podem ser divididas em duas categorias: as que se concentram numa solução específica e as que consideram toda a população de respostas possíveis. Também podem ser divididas em quatro grupos principais (ver Figura 1.2): métodos baseados na evolução, métodos baseados na física, métodos baseados em enxames e métodos baseados em humanos. Os métodos baseados na evolução baseiam-se nos princípios que regem a evolução natural. A operação de pesquisa começa com a produção aleatória de uma população, que depois evolui ao longo de muitas gerações. Um dos pontos fortes mais notáveis destas abordagens é o facto de os melhores indivíduos serem consistentemente emparelhados para gerar a geração seguinte de indivíduos. Isto permite que a população seja refinada ao longo de muitas gerações. Os algoritmos genéticos (AG), que imitam a evolução darwiniana, são atualmente o método inspirado na evolução mais conhecido e amplamente utilizado. Outros algoritmos frequentemente utilizados incluem a programação genética (PG), a estratégia de evolução (ES), a aprendizagem incremental probabilística (PBIL), o algoritmo de otimização do gafanhoto, o optimizador baseado na biogeografia (BBO) e o algoritmo de enxame de salpicos (SSA).

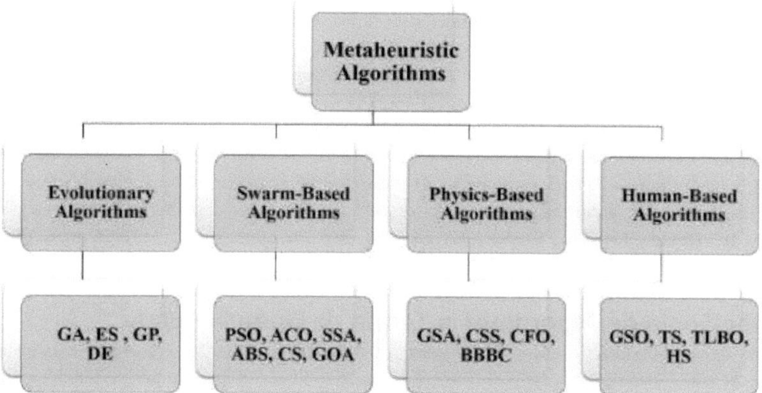

Figura 1.2: Classificação dos métodos de otimização

As abordagens baseadas na física imitam as leis físicas que regem o universo. Os algoritmos mais populares incluem o algoritmo do buraco negro (BH), o recozimento simulado (SA), o algoritmo de otimização de reacções químicas artificiais (ACROA), o algoritmo Big Bang-Big Crunch (BBBC), a pesquisa de sistemas carregados (CSS) e a pesquisa gravitacional local (GLSA), entre outros. As abordagens baseadas em enxames, que reproduzem o comportamento social de grupos de animais, estão incluídas na terceira categoria de tecnologias inspiradas na natureza. O algoritmo mais utilizado é a otimização por enxame de partículas (PSO), criada por Kennedy e Eberhart. O PSO é inspirado no comportamento social das aves em voo. Utiliza um número de partículas (soluções candidatas) que voam através da área de pesquisa em busca da melhor solução (ou seja, a posição óptima). Durante este tempo, todas elas procuram o ponto ótimo (a melhor solução) seguindo o seu próprio caminho. Por outras palavras, as partículas avaliam tanto as suas melhores soluções individuais como a melhor solução encontrada pelo enxame até ao momento. A otimização por colónias de formigas, inicialmente proposta por Dorigo et al., é outra abordagem importante baseada em enxames. O comportamento social das formigas numa colónia inspirou este algoritmo. A inspiração fundamental para este algoritmo é a inteligência social das formigas na localização do caminho mais curto entre a colónia e uma fonte de alimento. As soluções potenciais desenvolvem uma matriz de feromonas durante o período de iteração.

Uma vez que o PSO se revelou extremamente competitivo em comparação com os algoritmos baseados na evolução e na física, outras estratégias baseadas em enxames, que pertencem à classe dos métodos metaheurísticos, começaram a atrair a atenção. De um modo geral, os algoritmos baseados em enxames oferecem várias vantagens em relação aos algoritmos baseados na evolução. Por exemplo, os algoritmos baseados em enxames retêm informações sobre o espaço de pesquisa mesmo após iterações subsequentes, enquanto os algoritmos baseados na evolução eliminam todo o conhecimento assim que é criada uma nova população. São normalmente compostos por um número mais reduzido de operadores do que as técnicas evolutivas (seleção, cruzamento, mutação, elitismo, etc.), o que os torna mais simples de implementar.

É importante notar que existem muitas outras abordagens metaheurísticas na literatura que são motivadas por acções humanas. Estes métodos podem ser encontrados na literatura. Os exemplos incluem a otimização baseada no ensino-aprendizagem (TLBO), a pesquisa em harmonia (HS), a pesquisa tabu (TS), o optimizador de pesquisa em grupo (GSO), o algoritmo competitivo imperialista (ICA), o algoritmo de campeonato da liga (LCA), o algoritmo de fogo de artifício e a otimização de

corpos de colisão (CBO).
Independentemente da sua conceção específica, todos os métodos de otimização metaheurística baseados na população partilham uma caraterística fundamental. A operação de pesquisa divide-se em duas fases distintas: a fase de exploração e a fase de aproveitamento. É necessário que o optimizador inclua operadores que possam explorar globalmente o espaço de pesquisa. Durante esta fase do processo, os movimentos (também conhecidos como perturbações das variáveis de projeto) devem ser tão aleatórios quanto possível. A fase de exploração é seguida pela fase de aproveitamento, que pode ser descrita como o processo de investigação exaustiva de áreas promissoras do espaço de pesquisa. Esta fase ocorre após a fase de exploração. O termo "exploração" refere-se à capacidade de efetuar pesquisas locais nas áreas promissoras do espaço de conceção descobertas durante a fase de exploração. Devido à natureza estocástica do processo de otimização, o aspeto mais difícil da conceção de qualquer algoritmo metaheurístico é encontrar um bom equilíbrio entre a exploração e o aproveitamento. Este equilíbrio tem de ser encontrado para que o algoritmo seja eficaz.

1.4 Eficiência de Algoritmos e Teoria da Complexidade

A teoria da complexidade é um ramo da ciência teórica da computação que examina as limitações intrínsecas e as capacidades dos algoritmos em termos da sua eficiência. Procura responder a questões fundamentais como: "Quais são os requisitos de tempo e memória para executar um algoritmo para resolver um determinado problema?" [2]. Este domínio utiliza modelos matemáticos rigorosos para avaliar os recursos computacionais (tempo e espaço) necessários para resolver problemas, o que o torna um quadro crucial para comparar o desempenho de diferentes algoritmos e identificar os mais eficazes para tarefas específicas. Além disso, a teoria da complexidade permite fazer previsões sobre o esforço computacional necessário para resolver problemas cada vez mais complexos, oferecendo informações valiosas para engenheiros e cientistas informáticos empenhados no desenvolvimento de técnicas de otimização avançadas.
A teoria da complexidade aplica-se a uma vasta gama de desafios computacionais, incluindo a ordenação, a pesquisa, os problemas de grafos, a programação dinâmica, a resolução de problemas, os jogos e até a inteligência artificial. Serve como uma ferramenta para quantificar a dificuldade dos problemas e a eficiência dos algoritmos concebidos para os resolver. Além disso, a teoria da complexidade não é apenas uma questão de avaliação; é também uma questão de melhoria. Explora métodos de otimização de algoritmos, com o objetivo de reduzir o tempo e os recursos computacionais necessários para obter soluções, aumentando assim a eficiência global. A teoria também examina os limites das abordagens algorítmicas, identificando quais os problemas que podem ser resolvidos em prazos razoáveis e os métodos mais rápidos possíveis para o fazer.
Nas fases iniciais de desenvolvimento e teste de algoritmos complexos, é crucial utilizar problemas de referência para avaliação e validação do desempenho. Estes problemas de referência permitem aos investigadores observar o desempenho de um algoritmo em condições controladas. Embora os problemas do mundo real possam parecer ideais para testes, colocam desafios significativos. As soluções óptimas para os problemas do mundo real são frequentemente desconhecidas, o que torna difícil avaliar a eficácia do algoritmo. Além disso, os problemas do mundo real envolvem normalmente espaços de pesquisa grandes e complexos que exigem muito tempo de computação, o que pode ocultar as verdadeiras capacidades de um algoritmo. Por conseguinte, a avaliação comparativa com problemas de referência cuidadosamente selecionados é essencial para uma avaliação clara e sistemática do desempenho do algoritmo.
Quando estão disponíveis na literatura funções de referência relevantes, é importante selecionar um conjunto diversificado para avaliar exaustivamente os pontos fortes e fracos de um algoritmo. No entanto, se não existirem problemas de referência adequados, devem ser concebidas novas funções de teste. Estas funções de teste devem ser concebidas para testar aspectos específicos do desempenho de um algoritmo, como a sua capacidade de evitar óptimos locais, convergir rapidamente ou lidar com paisagens multimodais.

A conceção das funções de teste é um elemento crítico no processo de aferição. Dispor de um quadro flexível que permita a criação de funções de teste com diferentes graus de dificuldade melhora significativamente a qualidade e a relevância da avaliação comparativa. A maioria dos quadros inclui parâmetros ajustáveis que permitem aos investigadores adaptar a complexidade das funções de teste às necessidades da avaliação. Por exemplo, num quadro concebido para funções de teste multimodais, pode haver um parâmetro para controlar o número de óptimos locais. Isto permite a criação de ambientes de teste que desafiam especificamente a capacidade de um algoritmo para escapar a armadilhas locais e encontrar o ótimo global.

A utilização de estruturas normalizadas para gerar funções de teste garante a fiabilidade do processo de aferição. Estas estruturas facilitam a criação de desafios controlados que podem isolar e testar capacidades específicas de um algoritmo. Por exemplo, uma estrutura de funções de teste pode ser concebida para simular desafios específicos do mundo real, tais como paisagens acidentadas com vários picos e vales, ou ambientes dinâmicos em que a função objetivo muda ao longo do tempo. Esta abordagem não só permite a avaliação sistemática do desempenho de um algoritmo em diferentes cenários, como também fornece informações sobre potenciais áreas de otimização.

Esta secção apresenta várias estruturas para a construção de funções de teste com diversas propriedades e níveis de dificuldade. Estas estruturas desempenham um papel crucial no desenvolvimento e aperfeiçoamento de algoritmos, fornecendo ferramentas padronizadas, mas personalizáveis, para uma avaliação rigorosa do desempenho. Ao selecionar ou conceber cuidadosamente funções de teste adequadas, os investigadores podem avaliar mais eficazmente os pontos fortes e as limitações dos seus algoritmos, levando ao desenvolvimento de técnicas de otimização mais robustas e eficientes.

1.4.1 Critérios de referência para a otimização multiobjectivo

A otimização multiobjectivo consiste em encontrar um conjunto de soluções óptimas, também conhecido como conjunto de Pareto, para vários objectivos a maximizar ou minimizar simultaneamente. Eis os critérios de referência normalmente utilizados para avaliar e comparar algoritmos de otimização multiobjectivo:

- *Qualidade da solução:* Mede o desempenho do algoritmo em termos da qualidade do conjunto de Pareto encontrado. Pode ser avaliada através de várias métricas, como a distância entre as soluções óptimas de Pareto, o erro da solução, a cobertura do conjunto de Pareto, etc.
- *Diversidade de soluções:* Mede a capacidade do algoritmo para encontrar um conjunto de soluções não correlacionadas e diversificadas. Pode ser avaliada calculando a distância entre soluções, a densidade do conjunto de Pareto, o número de fronteiras de Pareto, etc.
- *Tempo de execução:* mede a velocidade a que o algoritmo encontra o conjunto de Pareto ótimo. Este critério é importante porque pode ser crucial nalgumas aplicações práticas.
- *Robustez:* Mede a capacidade do algoritmo para encontrar um conjunto de soluções Pareto-ótimas mesmo na presença de perturbações ou incertezas. Isto pode ser avaliado através da introdução de ruído nos dados de entrada ou da modificação dos parâmetros do algoritmo.
- *Escalabilidade:* Mede a capacidade do algoritmo para lidar com problemas cada vez mais complexos em termos do número de variáveis, restrições ou dimensões. Este critério é particularmente importante para aplicações em tempo real ou sistemas críticos.
- *Facilidade de utilização:* Mede a facilidade de utilização e a simplicidade do algoritmo. Pode ser avaliada em termos de facilidade de implementação, parametrização, documentação, etc.

É importante notar que estes critérios podem ser ponderados de forma diferente consoante a aplicação e as necessidades do utilizador. Por conseguinte, recomenda-se a adoção de uma abordagem personalizada para selecionar o algoritmo de otimização multiobjectivo mais adequado às necessidades específicas.

1.4.2 Medidas de desempenho

A seleção de uma medida de desempenho a propor ou escolher é o segundo passo no processo de avaliação de algoritmos. As funções de referência servem como bancos de ensaio, enquanto as medidas de desempenho permitem uma comparação mensurável dos algoritmos. Ao analisar um algoritmo durante a fase de conceção, as medidas de desempenho são cruciais porque permitem medir a melhoria de um algoritmo em relação ao que o precedeu. Além disso, determinam até que ponto são benéficas as alterações aos algoritmos, sejam elas menores ou maiores. Se existirem medidas de desempenho adequadas na literatura, não nos é difícil utilizar algumas delas para analisar e comparar diferentes métodos. Se essas medidas não estiverem disponíveis, temos de desenvolver novas medidas ou melhorar as que já estão disponíveis. A escolha da medida de desempenho depende do problema que o algoritmo tem de resolver, que pode ser de otimização, de aprendizagem ou uma mistura dos dois. Se não tiverem sido estabelecidas medidas de desempenho para a tarefa pretendida, é importante criá-las para garantir o bom desempenho do método escolhido. As medidas de desempenho mais utilizadas para a otimização multiobjectivo baseiam-se na qualidade da solução, na diversidade da solução, no tempo de execução, na robustez e na escalabilidade.

1.5 Conclusão

Os algoritmos meta-heurísticos são ferramentas essenciais para resolver problemas de otimização complexos que não podem ser tratados com métodos exactos. Ao imitarem processos naturais ou físicos, estes algoritmos fornecem soluções aproximadas para problemas difíceis. O equilíbrio entre as fases de exploração e de aproveitamento é crucial para a sua eficácia. A utilização de critérios de referência e de medidas de desempenho permite a avaliação e comparação destes algoritmos, garantindo a sua eficácia em aplicações reais.

CAPÍTULO 2

2. Otimização avançada por enxame com um único objetivo para desafios de engenharia

Este capítulo analisa a literatura no domínio da otimização inteligente, centrando-se nos métodos de otimização de objetivo único baseados na inteligência de enxame, com especial destaque para as melhorias introduzidas no algoritmo Salp Swarm e no algoritmo de otimização Grasshopper.

2.1 Introdução

A otimização com um único objetivo é uma disciplina essencial da matemática aplicada, que visa encontrar a solução óptima de acordo com um único critério de otimização. Tem aplicações em engenharia, física, finanças, economia e ciências da computação. O objetivo da otimização com um único objetivo é escolher os valores das variáveis de entrada de modo a obter o melhor valor possível para uma determinada função objetivo, que pode representar um custo a minimizar, um benefício a maximizar, uma eficiência a melhorar, etc. [2, 5]. A procura desta solução óptima pode ser efectuada analiticamente, resolvendo equações através de métodos matemáticos, ou numericamente, utilizando algoritmos para identificar soluções óptimas. Existem duas categorias principais de métodos de otimização de objetivo único: métodos determinísticos e abordagens estocásticas. Os métodos determinísticos baseiam-se em algoritmos matemáticos que garantem a obtenção de uma solução óptima ou quase óptima. As abordagens estocásticas, por outro lado, baseiam-se em algoritmos probabilísticos que tentam explorar o espaço de pesquisa de forma exaustiva, evitando mínimos locais. A otimização com um único objetivo é um domínio em constante evolução, com o aparecimento regular de novos métodos e estratégias destinados a resolver problemas complexos e a melhorar o desempenho dos sistemas.

Este capítulo está dividido em duas secções principais. A primeira secção visa melhorar a eficiência do algoritmo de otimização Salp Swarm (SSA), inspirado em fenómenos naturais. De forma a manter um elevado nível de exploração global e um equilíbrio saudável entre as pesquisas globais e locais, o algoritmo SSA incorpora simultaneamente duas técnicas eficientes: O voo de Levy e a espiral logarítmica [6]. Ambas as técnicas provaram o seu valor e são utilizadas para controlar a pesquisa global e o processo de atualização da posição do salp. O voo de Levy é aplicado para assegurar o controlo do processo de pesquisa global, enquanto a espiral logarítmica reforça as capacidades de pesquisa global do algoritmo, melhorando a qualidade da solução e mantendo um equilíbrio entre a exploração local e global. O desempenho do algoritmo ISSA é avaliado através da resolução de uma variedade de problemas de engenharia. Os resultados mostram uma eficiência significativa em comparação com o algoritmo SSA padrão. Além disso, quando os resultados são comparados com os de outros algoritmos metaheurísticos, o ISSA demonstra a sua superioridade e eficiência.

A segunda secção apresenta uma versão melhorada do algoritmo de otimização Grasshopper, conhecida como Algoritmo de Otimização Grasshopper Melhorado (IGOA) [7]. Nesta versão, o mecanismo de crossover aritmético é integrado no algoritmo de otimização Grasshopper original (GOA). Esta melhoria tem como objetivo manter um elevado grau de exploração global, assegurando simultaneamente um equilíbrio entre a pesquisa global e local. O IGOA é primeiro testado numa série de funções de referência para avaliar o seu desempenho qualitativo e quantitativo.

Para demonstrar a eficácia deste algoritmo, ele é aplicado à solução de problemas de projeto, tais como o projeto de uma viga em consola e de um recipiente sob pressão. Os resultados obtidos mostram que o método proposto supera os métodos existentes e recentemente publicados na literatura relevante. Em conclusão, o IGOA demonstra a sua praticabilidade e aplicabilidade ao resolver com sucesso desafios de engenharia do mundo real.

2.2 Algoritmo de enxame de salpicos melhorado para problemas de engenharia

Os algoritmos de otimização baseados na população, apesar da sua eficiência, podem muitas vezes ser afectados por tempos de cálculo elevados devido à sua natureza estocástica. Estes algoritmos requerem normalmente a criação e avaliação de uma grande população de soluções candidatas, o que pode ser extremamente dispendioso em termos de tempo de computação. Além disso, a natureza estocástica destes algoritmos significa que podem ser necessárias várias iterações ou execuções para convergir para uma solução de alta qualidade. Para ultrapassar estas limitações, podem ser implementadas várias técnicas para reduzir o tempo de cálculo dos algoritmos de otimização baseados na população. Uma técnica eficaz é a utilização de computação paralela, permitindo que várias instâncias do algoritmo sejam executadas simultaneamente em diferentes processadores ou nós de computação. Esta abordagem reduz significativamente o tempo necessário para encontrar uma solução óptima. Outra estratégia consiste em desenvolver algoritmos híbridos que combinem algoritmos de otimização baseados na população com outras técnicas de otimização ou algoritmos de aprendizagem automática. Estes algoritmos híbridos podem reduzir o número de iterações necessárias para alcançar uma solução de alta qualidade e melhorar a diversidade das soluções geradas. O algoritmo Salp Swarm Optimization (SSA) é um método baseado na inteligência colectiva, reconhecido pela sua eficácia em várias aplicações de engenharia. No entanto, apresenta algumas desvantagens, como a estagnação e a convergência prematura. Para ultrapassar estas limitações, é crucial introduzir uma diversidade de soluções e equilibrar as fases de exploração e de aproveitamento do processo de otimização. Este estudo propõe um algoritmo SSA melhorado, designado Algoritmo de Enxame de Salp Melhorado (ISSA), que integra a técnica de voo de Levy e o mecanismo de espiral logarítmica. A técnica de voo de Levy permite uma exploração mais profunda do espaço de pesquisa, oferecendo uma maior diversidade de soluções do que os métodos tradicionais de pesquisa aleatória. O mecanismo de espiral logarítmica, por outro lado, orienta eficazmente o processo de pesquisa para regiões promissoras do espaço de pesquisa, melhorando a eficiência global do algoritmo.

Para avaliar a eficácia do ISSA, aplicámo-lo a um conjunto rigorosamente selecionado de problemas de engenharia e comparámos o seu desempenho com o de outros algoritmos metaheurísticos bem estabelecidos. Os resultados experimentais e comparativos mostram que o ISSA supera os seus concorrentes, sublinhando o seu potencial como uma técnica de otimização promissora.

2.2.1 Algoritmo de enxame de salpicos padrão

O Algoritmo de Enxame de Salpas (SSA) é uma abordagem metaheurística de otimização inspirada no comportamento coletivo das salpas, invertebrados marinhos em forma de tubo. Proposta pela primeira vez em 2017 por Seyedali Mirjalili e colegas, esta estratégia modela o comportamento de agrupamento das salpas para resolver problemas de otimização complexos [8, 9, 10].

As salpas deslocam-se na água formando cadeias, em que uma salpa desempenha o papel de líder enquanto as outras actuam como seguidoras. Este movimento coletivo em cadeia permite que as salpas se desloquem rápida e eficientemente no seu ambiente aquático. No SSA, as salpas são modeladas como partículas que evoluem num espaço de pesquisa. Cada partícula tem uma posição e uma velocidade, actualizadas em cada iteração do algoritmo de acordo com as posições das partículas vizinhas e a melhor posição conhecida à escala global. Uma função objetivo é utilizada para avaliar a qualidade das posições das partículas e, dependendo do problema a resolver, esta função pode exigir uma minimização ou maximização.

A posição da salpa líder no modelo matemático SSA é actualizada de acordo com a seguinte equação (2.1). Esta atualização dinâmica simula o movimento coletivo das salpas, facilitando a convergência para uma solução óptima. Devido à sua simplicidade e eficiência, a SSA tem sido amplamente adoptada para resolver vários problemas de engenharia e otimização.

$$x_i^1 = \begin{cases} H_i + c_1((ub_i - lb_i)c_2 + lb_i) & \text{if} \quad c_3 \geq 0.5 \\ H_i - c_1((ub_i - lb_i)c_2 + lb_i) & \text{if} \quad c_3 < 0.5 \end{cases} \tag{2.1}$$

em que x_i^1 é a posição do líder (o primeiro salpico) na i-ésima dimensão, Hi indica a posição das fontes de alimento na i-ésima dimensão, ub_i e lb_i são os limites superior e inferior na i-ésima dimensão, respetivamente. c_1, c_2, e c_3 são números aleatórios.

A equação (2.1) ilustra que o líder actualiza a sua localização apenas com base na fonte de alimento. O valor de c_1 é o parâmetro mais importante para equilibrar a exploração e o aproveitamento, descrito por:

$$c_1 = 2e^{-\left(\frac{4k}{T}\right)^2} \tag{2.2}$$

c 1 = 2 e-(T) em que a iteração atual é representada por k e T é o número total de iterações.

Os parâmetros c_2 e c_3 são inicializados aleatoriamente e gerados uniformemente no intervalo [0, 1].

c_3 indica se a posição seguinte na j-ésima dimensão deve ser direcionada para o infinito positivo ou negativo.

As posições seguintes são ajustadas através da equação (2.3):

$$x_j^i = \frac{1}{2}(x_j^i + x_j^{(i-1)}) \quad \text{if} \quad i \geq 2 \tag{2.3}$$

em que x_j^i é a posição do i-ésimo seguidor na j-ésima dimensão. O pseudo-código do SSA é apresentado no Algoritmo 1.

O algoritmo pode ser utilizado para uma variedade de problemas de otimização, incluindo a otimização multi-objetivo.

Figura 2.1: Cadeia Salp.

2.2.2 O algoritmo proposto de Salp Swarm, baseado nas técnicas de voo de Levy e de espiral logarítmica (ISSA)

Desde a sua criação, o Algoritmo de Enxame de Salp (SSA) tem sido amplamente utilizado para resolver uma série de problemas de otimização do mundo real, revelando-se particularmente eficaz em situações complexas. No entanto, o SSA tem limitações significativas, como a convergência lenta e o aprisionamento prematuro em óptimos locais, que

Algoritmo 1 Pseudo-código SSA

```
Inicialização
Gerar uma população aleatória de salpicos x_i (i = 1,2,...,n)
Para i = 1 a max Iteração do
Avaliar cada salp fit(xi) na população.
Selecionar o melhor salp e designá-lo como F.
Gerar um novo valor de c1 utilizando a Equação (2.2)
Para cada salp x_i do
Se xi é um líder, então
Atualizar a posição utilizando a Equação (2.1)
Outro
Atualizar a posição utilizando a Equação (2.3)
Fim Se
Fim Para
Ajustar os salps com base nos limites superior e inferior das variáveis (UB e LB).
Fim Para
```

O retorno F compromete a eficácia das suas soluções para aplicações de engenharia. Para ultrapassar estas limitações, é essencial melhorar o algoritmo, optimizando o equilíbrio entre as fases de exploração e de aproveitamento. Uma das abordagens mais promissoras para melhorar este equilíbrio é a integração da técnica de Voo de Levy, que melhora a cobertura do espaço de pesquisa e as capacidades de convergência do SSA original.

Apresentamos aqui uma versão melhorada do algoritmo SSA, que incorpora a técnica de Levy Flight (LF) e o mecanismo de espiral logarítmica, denominada Improved Salp Swarm Optimizer (ISSA).

2.2.3 Técnica do voo de Levy (LF)

O conceito de trajetória de voo de Levy, introduzido pela primeira vez pelo matemático Paul Levy e desenvolvido por Benoit Mandelbrot, representa um tipo de passeio aleatório em que os comprimentos dos passos seguem uma distribuição de Levy [11]. Este tipo de trajetória é observado no comportamento de movimento de muitos organismos na natureza, como os albatrozes em voo ou os tubarões na caça. A principal caraterística do voo de Levy é a sua capacidade de cobrir vastas áreas de pesquisa com saltos aleatórios de grande amplitude, alternando com movimentos mais curtos e precisos.

A integração da trajetória de voo de Levy no algoritmo SSA permite uma exploração mais eficiente e diversificada do espaço de pesquisa. No SSA, as posições salp são actualizadas utilizando uma equação estocástica baseada na distribuição de Levy, que mantém uma elevada diversidade na população de soluções candidatas e evita

estagnação nos óptimos locais. A fórmula matemática para a atualização pode ser expressa da seguinte forma:

$$\overrightarrow{X(t+1)} = \overrightarrow{X(t)} + \mu \,\mathbf{sign}\left(\mathbf{rand} - \frac{1}{2}\right) \oplus \mathbf{Levy} \tag{2.4}$$

Em que $\overrightarrow{X(t)}$ apresenta a localização da i-ésima bofetada na iteração *t, Ll* é um número aleatório uniformemente distribuído, o produto Φ apresenta a multiplicação pela entrada e rand é a variável

aleatória num intervalo de [0, 1].
A função sign devolve o sinal de um número. Por outras palavras, indica se o número é positivo, zero ou negativo. Em matemática, o sinal de um número é frequentemente representado pelos valores -1, 0 ou 1. Eis como a função de sinal é normalmente definida:

$$\forall x \in \mathbb{R}, \text{sign}(x) = \begin{cases} -1 & \text{si } x < 0 \\ 0 & \text{si } x = 0 \\ 1 & \text{si } x > 0 \end{cases} \tag{2.5}$$

2.2.4 Comportamento da espiral logarítmica

Para além da técnica do voo de Levy, o ISSA incorpora o mecanismo da espiral logarítmica para melhorar a exploração inicial e a exploração subsequente. A espiral logarítmica é um padrão matemático freqüentemente observado na natureza, como o comportamento de forrageamento das baleias jubarte ou o vôo das mariposas em direção à luz. Este modelo permite uma pesquisa dinâmica que começa com uma exploração alargada e se concentra gradualmente em áreas mais pequenas à medida que as iterações progridem.
No ISSA, a espiral logarítmica é usada para orientar o movimento do líder da salp. Durante as primeiras iterações, o líder explora vastas regiões do espaço de busca, descobrindo áreas potencialmente promissoras. À medida que as iterações progridem, a trajetória do líder torna-se mais focada, explorando intensivamente as regiões mais promissoras descobertas durante a exploração inicial. Este mecanismo é modelado pela seguinte função:

$$LS = ab^{\theta} \tag{2.6}$$

onde a e b são números reais estritamente positivos. b é um fator que determina a forma logarítmica da espiral, e θ é um número aleatório uniformemente distribuído no intervalo [-2,1], determinado utilizando as seguintes fórmulas:

$$\begin{gathered} \theta = (\alpha - 1) \cdot r + 1 \\ \alpha = -1 - \frac{k}{L} \end{gathered} \tag{2.7}$$

Onde r é um vetor aleatório que favorece a exploração, a decresce linearmente em [-1 , -2], k é a iteração atual e L é o número máximo de iterações. À medida que o valor da iteração aumenta, o mecanismo permite uma melhor exploração e a posição do próximo salp é actualizada mais frequentemente em relação aos outros agentes do salp.
Essa abordagem dupla (vôo de Levy para diversificação e espiral logarítmica para intensificação) permite que o ISSA supere as limitações do SSA padrão. O ISSA melhora significativamente a capacidade do algoritmo de escapar de ótimos locais e convergir mais rapidamente para soluções ótimas. Os resultados experimentais mostram que o ISSA supera muitos algoritmos metaheurísticos concorrentes, tornando-o um candidato promissor para aplicações complexas de otimização em engenharia.
Algoritmo 2 Processo de atualização do líder Salp.

```
Para i = 1:iteração máxima do
Avaliação de cada SALP (fit(x_i)) na população.
Seleção do melhor SALP e designação do mesmo como F.
Gerar um novo valor de c_1 utilizando a Equação (2.2)
Para (cada SALP x_i ) fazer
c_2 =LS; "utilizando a Equação (2.6)
c3=rand();
Se xi é um líder, então
Atualizar a posição utilizando a Equação (2.1).
```

Além disso
Atualizar a posição utilizando a Equação (2.4).
Fim
Fim
Barbatana

2.3 Aplicação do algoritmo ISSA a problemas de engenharia

Esta secção examina o desempenho e a eficácia do Algoritmo de Enxame de Salpicos Melhorado (ISSA) na resolução de três problemas de conceção do mundo real com restrições: a mola de tensão/compressão, o recipiente sob pressão e a conceção de vigas soldadas. Estes problemas apresentam uma variedade de restrições complexas, que o ISSA tem em conta durante o processamento. Para cada problema, foi gerado um conjunto de 30 soluções, com um máximo de 1000 iterações por teste. Para avaliar a eficácia do ISSA, os seus resultados foram comparados com os de vários algoritmos metaheurísticos bem conhecidos, incluindo ISC-SSA8, CS, DE, PSO, GA, ES, CSDE, CPSO, LFD, WOA, RDWOA, CCMWOA, LWOA, GA, SSA, LAFBA e RO, retirados de estudos de referência [12, 13, 14].

2.3.1 Problema de conceção do recipiente sob pressão

O principal objetivo do problema de conceção de um recipiente sob pressão é minimizar o custo total de construção de um recipiente sob pressão cilíndrico. O problema inclui quatro variáveis de conceção e quatro restrições baseadas na espessura do casco (x_1), na espessura da cabeça (x_2), no raio interno (x_3) e no comprimento da secção cilíndrica sem coroa (x_4). Estas variáveis são cruciais, pois influenciam diretamente a resistência, a durabilidade e o custo de fabrico do reservatório.

O recipiente sob pressão é um componente crítico em muitas indústrias, como a petroquímica, a aeroespacial e a produção de energia, onde é utilizado para armazenar fluidos a alta pressão. A conceção óptima destes recipientes tem de cumprir normas de segurança rigorosas, minimizando os custos de material e de fabrico. Os parâmetros de projeto são ilustrados na Figura 2.2, que mostra as dimensões e espessuras das várias partes do reservatório.

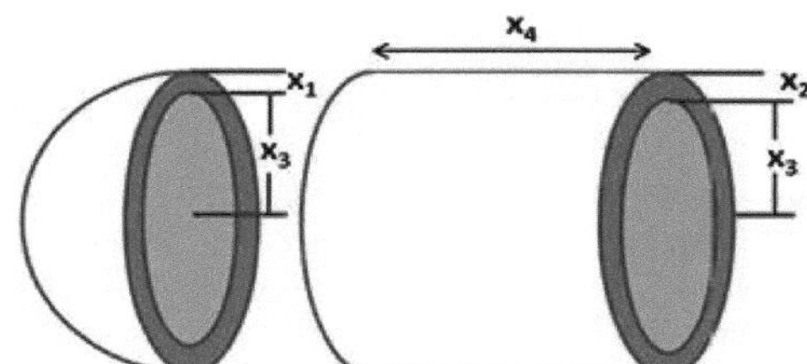

Figura 2.2: Problema de projeto de um recipiente sob pressão.

Restrições de conceção

Espessura do reservatório (x_1): Esta variável determina a resistência da parede cilíndrica da cisterna, que deve suportar a pressão interna sem se deformar significativamente.

Espessura da cabeça (x_2): Esta variável diz respeito à parte superior do reservatório, que deve ter uma espessura suficiente para suportar os esforços mecânicos e térmicos.

Raio interno (x_3): O raio interno afecta o volume de armazenamento e a pressão exercida nas paredes do reservatório.

Comprimento da secção cilíndrica sem coroa (x_4): Esta dimensão influencia a capacidade total do reservatório e a distribuição de tensões ao longo da sua altura.

O desenho ou modelo pode ser expresso de várias formas, incluindo as que se seguem:

$$\vec{x} = \begin{bmatrix} x_1 & x_2 & x_3 & x_4 \end{bmatrix} = \begin{bmatrix} T_s & T_h & R & L \end{bmatrix}.$$

Considerar

A função objetivo :

$$f(\vec{x})_{\min} = 0.6224 T_s R L + 1.7781 R^2 T_h + 3.1661 T_s^2 L + 19.84 T_h^2 L \quad (2.8)$$

Sujeito a :

$$\begin{aligned} g_1(\vec{x}) &= -T_s + 0.0193R \leq 0 \\ g_2(\vec{x}) &= -T_h + 0.00954R \leq 0 \\ g_3(\vec{x}) &= -\pi L R^2 - \frac{4}{3}\pi R^3 + 1296000 \leq 0 \\ g_4(\vec{x}) &= L - 240 \leq 0 \end{aligned} \quad (2.9)$$

com gamas variáveis:

$0 \leq x_1 \leq 99;\quad 0 \leq x_2 \leq 99;\quad 10 \leq x_3 \leq 200;\quad 10 \leq x_4 \leq 200$

Objetivo e metodologia

O algoritmo ISSA é aplicado para otimizar estas variáveis de conceção, minimizando o custo total do tanque e respeitando as restrições de segurança e desempenho. As restrições incluem limites de dimensões e espessuras, garantindo que a estrutura final possa suportar pressões internas sem exceder os limites aceitáveis de deformação e tensão.

O processo de otimização começa com a geração aleatória de uma população inicial de soluções potenciais, seguida da aplicação iterativa das técnicas do voo de Levy e da espiral logarítmica para explorar e explorar o espaço de pesquisa. Cada iteração envolve a avaliação das soluções em termos da função objetivo (custo total) e o ajuste das posições das salvas para convergir para uma solução óptima.

Resultados e comparação

Como mostra a Tabela 2.1, quando os quatro parâmetros Ts, Th, R e L são ajustados para os valores obtidos de 0,7788804, 0,3849939, 40,3354 e 200, respetivamente, o valor de custo mínimo do ISSA é 5894,0817. No problema do projeto do vaso de pressão, o ISSA supera os outros algoritmos. Consequentemente, isto demonstra que a abordagem é viável e bem sucedida na resolução de problemas de engenharia com restrições.

O ISSA apresenta uma abordagem inovadora e eficaz para resolver problemas de engenharia limitados, oferecendo soluções optimizadas que satisfazem os requisitos de desempenho e segurança, minimizando os custos de fabrico.

2.3.2 Problema de projeto de uma viga soldada

O projeto de vigas soldadas representa um problema crítico de otimização em engenharia mecânica e estrutural. Este problema consiste em minimizar os custos de fabrico, respeitando um conjunto de restrições técnicas e físicas para garantir a segurança e o desempenho da estrutura. As vigas soldadas, frequentemente utilizadas na construção industrial, devem satisfazer requisitos rigorosos em termos de resistência e durabilidade.

Quadro 2.1: Comparação dos resultados para o problema de conceção do recipiente sob pressão

Algoritmo	Variáveis		objetivo Custo		
	Ts	*O*	R	L	
ISC-SSA8	0.812500	0.437500	40.917730	180.000	5939.1578
CS	1.063	2.250	45.66	149.8	6066.0134
DE	0.8125	0.4375	41.99	178.1	6074.6231
PSO	0.8125	0.5000	40.86	197.0	6501.7607
CSDE	0.8125	0.4375	42.10	176.6	6059.7133
CPSO	0.812500	0.437500	42.091266	176.746500	6061.0777
WOA	0.812500	0.437500	42.098209	176.638998	6059.7410
RDWOA	0.793769	0.39236	41.127973	189.045124	5912.53868
CCMWOA	0.779661	0.385611	40.34738	199.6141	5895.2039
AG	0.8125	0.4345	40.323900	200.000000	6288.7445
SSA	0.817578	0.417932	41.749400	183.57270	6137.3725
ISSA	0.7788804	0.3849939	40.3354	200	5894.0817

Para validar a eficácia do algoritmo ISSA proposto na resolução de problemas de engenharia, a Figura 2.3 ilustra o projeto de uma viga soldada. Neste caso, quatro factores influenciam os custos de produção: x(1) é a espessura h das soldaduras, x(2) é o comprimento l da zona soldada, x(3) é a altura t e x(4) é a largura b da viga principal. O problema de otimização é formulado matematicamente da seguinte forma:

considerar $x = [x_1 x_2 x_3 x_4] = [h\, l\, t\, b].$

Minimizar

$$f(x) = 1.1047x_1^2x_2 + 0.048x_3x_4(14.0 + x_2) \tag{2.10}$$

Sujeito a

$$
\begin{aligned}
g_1(x) &= \tau(x) - \tau_{max} \le 0 \\
g_2(x) &= \sigma(x) - \sigma_{max} \le 0 \\
g_3(x) &= \delta(x) - \delta_{max} \le 0 \\
g_4(x) &= x_1 - x_4 \le 0 \\
g_5(x) &= P - P_c(x) \le 0 \\
g_6(x) &= 0.125 - x_1 \le 0 \\
g_7(x) &= 0.10471x_1^2 + 0.04811x_3x_4(14.0 + x_2) - 5.0 \le 0
\end{aligned} \tag{2.11}
$$

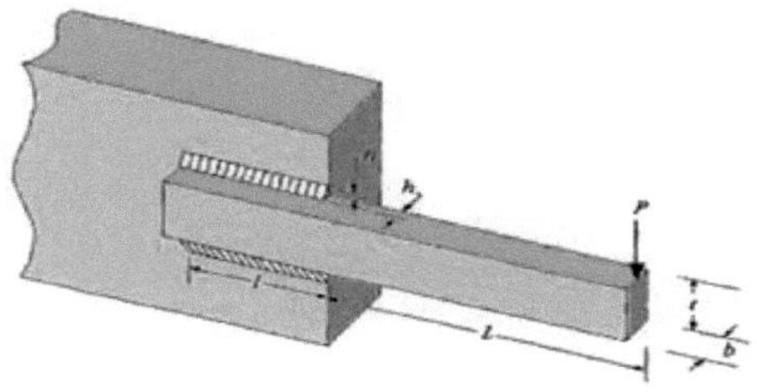

Figura 2.3: Problema de projeto de uma viga soldada

Gama de variação

$$
\begin{aligned}
0.1 &\le x_1 \le 2 \\
0.1 &\le x_2 \le 10 \\
0.1 &\le x_3 \le 10 \\
0.1 &\le x_4 \le 2
\end{aligned}
$$

onde:

$$\tau(x) = \sqrt{(\tau')^2 + 2\tau'\tau''\frac{x_2}{2R} + (\tau'')^2} \tag{2.12}$$

com

$$\tau' = \frac{P}{\sqrt{2}x_1x_2}, \tau'' = \frac{MR}{J}, M = P\left(L + \frac{x_2}{2}\right)$$

$$R = \sqrt{\frac{x_2^2}{4} + \left(\frac{x_1 + x_3}{2}\right)^2} \tag{2.13}$$

$$P_c(x) = \frac{4.013E\sqrt{\frac{x_3^2x_4^6}{36}}}{L^2}\left(1 - \frac{x_3}{2L}\sqrt{\frac{E}{4G}}\right) \tag{2.14}$$

$$J = 2\left\{\sqrt{2}x_1x_2\left[\frac{x_2^2}{4} + \left(\frac{x_1 + x_3}{2}\right)^2\right]\right\} \tag{2.15}$$

$$\sigma(x) = \frac{6PL}{x_4 x_3^2} \quad (2.16)$$

$$\delta(x) = \frac{6PL^3}{E x_3^2 x_4} \quad (2.17)$$

onde:

$$P = 6000\text{lb},$$
$$L = 14 \in,$$
$$\delta_{max} = 0.25 \in;$$
$$E = 30 \times 10^6 \xi,$$
$$G = 12 \times 10^6,$$
$$\tau_{max} = 13600\xi,$$
$$\sigma_{max} = 30000\xi.$$

A Tabela 2.2 mostra os melhores pesos e valores para as variáveis de decisão do ISSA e dos outros algoritmos, LAFBA, PSO, GA, CPSO, LFD, RO, SFO, WOA e SSA.

Tabela 2.2: Comparação de resultados para o problema de conceção de vigas soldadas.

Algoritmo	Variável				Custo teórico
	h	*l*	*t*	*b*	
LAFBA	0.184706815	3.642655691	9.134897358	0.205254053	1.7287
PSO	0.1250	6.187	10.00	0.2014	2.062929
AG	0.205986	3.471328	9.020224	0.206480	1.728226
CPSO	0.202369	3.544214	9.048210	0.205723	1.728024
LFD	0.1857	3.9070	9.1552	0.2051	1.77
WOA	0.205396	3.484293	9.037426	0.206276	1.730499
RO	0.203687	3.528467	9.004233	0.207241	1.735344
SFO	0.2038	3.6630	9.0506	0.2064	1.73231
SSA	0.20616	3.4644	9.0283	0.20616	1.7265
ISSA	0.20569	3.4696	9.0466	0.20569	1.7261

Como se pode ver na Tabela 2.2, o Algoritmo de Enxame de Salp melhorado (ISSA) alcançou um custo de produção ótimo de 1,7261. Este resultado foi obtido através do ajustamento dos quatro parâmetros-chave do modelo: altura

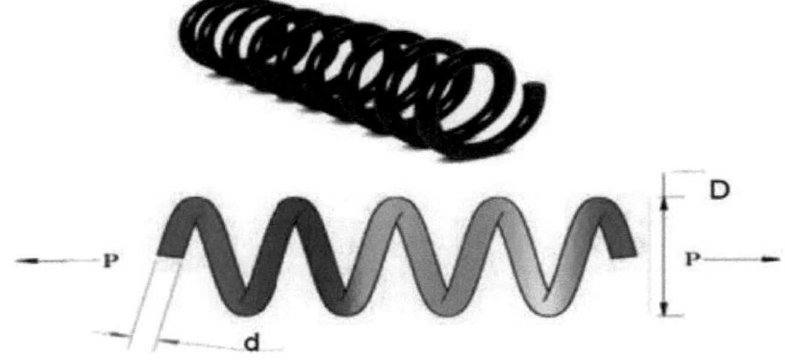

Figura 2.4: Problema de conceção de molas de tração/compressão

(h), comprimento (l), tempo (t) e largura (b) para valores de 0,20569, 3,4696, 9,0466 e 0,20569, respetivamente. Em comparação com os outros algoritmos testados, os resultados mostram que a abordagem ISSA proposta oferece a melhor solução óptima em termos de custo de produção, confirmando a sua eficácia e superioridade para este tipo de problema de otimização.

2.3.3 Problema de conceção da mola de tração/compressão

Este problema de conceção tem como objetivo minimizar o peso das molas de tração e de compressão, respeitando restrições rigorosas. Como se mostra na figura 2.3, a mola e as suas propriedades mecânicas são representadas em pormenor. O problema de otimização envolve três variáveis de decisão independentes: o diâmetro do fio da mola (d), o diâmetro médio da bobina (D) e o número de bobinas activas (N). Além disso, quatro restrições devem ser satisfeitas para garantir a viabilidade e a robustez da solução. Estas restrições incluem limites para o deslocamento máximo, a tensão de corte máxima, a frequência de ressonância e a capacidade máxima de carga da mola.

O modelo matemático deste problema é o seguinte:}

$$f(x) = (x_3 + 2)x_2x_1^2 \tag{2.18}$$

Com $\begin{bmatrix} x_1 & x_2 & x_3 \end{bmatrix} = \begin{bmatrix} d & D & N \end{bmatrix}$

Sujeito a

$$\begin{aligned}
g_1(x) &= 1 - \frac{x_2^3 x_3}{71785 x_1^4} \leq 0 \\
g_2(x) &= \frac{4x_2^2 - x_1 x_2}{12566\left(x_2 x_1^3 - x_1^4\right)} + \frac{1}{5108 x_1^2} \leq 0 \\
g_3(x) &= 1 - \frac{140.45 x_1}{x_2^2 x_3} \leq 0 \\
g_4(x) &= \frac{x_1 + x_2}{1.5} \leq 0
\end{aligned} \tag{2.19}$$

Intervalos de variáveis:

$$0.05 \leq x_1 \leq 2.00; \qquad 0.25 \leq x_2 \leq 1.30; \qquad 2.00 \leq x_3 \leq 15.0.$$

Nesta secção, o ISSA é utilizado para resolver o problema de dimensionamento da compressão/tensão e os resultados são comparados com os do LAFBA, ES, CPSO, SSA, LFD, WOA, CCMWOA, LWOA, RO e GA.

Tabela 2.3: Comparação de resultados para o problema de conceção de molas de compressão/tensão.

Algoritmo	Variável			O peso pretendido
	d	D	N	
LAFBA	0.051663	0.356074	11.333400	0.0126720
ES	0.051989	0.363965	10.890522	0.0126810
CPSO	0.051728	0.357644	11.244543	0.0126747
LFD	0.0517	0.3575	11.2442	0.0127
WOA	0.051207	0.345215	12.0043032	0.0126763
CCMWOA	0.051843	0.360444	11.07410	0.0126660
LWOA	0.051124	0.342922	12.16119	0.0126920
AG	0.051480	0.351661	11.632201	1.0127048
RO	0.051370	0.349096	11.762790	0.0126788
SSA	0.05328	0.3962	9.3027	0.012712
ISSA	0.0521342	0.367504	10.6856	0.012671

A Tabela 2.3 ilustra as variáveis de decisão e os valores das restrições para as melhores soluções encontradas utilizando vários métodos. Como pode ser visto, quando os três parâmetros d, D e N são ajustados para os valores obtidos de 0,0521342, 0,367504 e 10,6856, respetivamente, o valor mínimo do peso alvo obtido pelo ISSA é 0,012671. O ISSA supera todos os outros algoritmos neste desafio e aproxima-se do CCMWOA.

2.4 O algoritmo de otimização Grasshopper baseado no cruzamento aritmético para otimização global

O Algoritmo de Otimização Grasshopper (GOA) é um algoritmo de otimização amplamente estudado e utilizado, reconhecido pela sua eficácia e popularidade nos últimos anos. Desde a sua introdução por Saremi [15], tem despertado um interesse significativo entre os investigadores devido à sua abordagem inovadora e aplicações bem sucedidas.

O GOA é inspirado no comportamento biológico dos enxames de gafanhotos na natureza. Modela matematicamente os movimentos dos gafanhotos, fazendo a distinção entre os comportamentos dos enxames de larvas e de adultos. Os enxames de larvas exibem movimentos lentos e passos curtos, permitindo uma exploração eficiente do seu ambiente imediato. Em contrapartida, os enxames adultos percorrem distâncias mais longas com movimentos mais bruscos, o que lhes permite explorar uma área mais vasta. Esta estratégia dupla aumenta a capacidade do algoritmo para equilibrar a exploração e o aproveitamento durante o processo de otimização. Uma das principais vantagens do GOA é a sua simplicidade. Requer poucos parâmetros de ajuste, o que facilita a sua implementação e execução. Além disso, demonstra uma convergência rápida para soluções óptimas, tornando-o uma escolha preferida em vários domínios, incluindo a física, a medicina, a economia e outros. Apesar da sua eficácia, a investigação em curso identificou oportunidades para melhorar ainda mais o desempenho do GOA. Consequentemente, foram propostas numerosas técnicas para enriquecer o algoritmo básico. Nos últimos dois anos, os investigadores aplicaram o GOA a problemas práticos em diversos domínios, integrando várias estratégias de melhoramento para reforçar o seu desempenho.

Entre estas técnicas encontra-se a estratégia de voo de Levy [16, 17, 18, 19], que introduz movimentos aleatórios baseados na distribuição de Levy para melhorar a exploração do espaço de pesquisa. Além disso, a teoria do caos [20] tem sido utilizada para aproveitar as propriedades do caos determinístico, melhorando assim a diversidade das soluções. O método de seleção natural [21] incorpora mecanismos de seleção natural para guiar o processo de otimização de forma mais eficaz. Em linha com estes avanços, foi desenvolvida uma nova técnica de otimização global baseada em cruzamentos, conhecida como Algoritmo de Otimização de Gafanhoto Melhorado (IGOA) [7]. O algoritmo IGOA emprega o método de crossover aritmético para combinar soluções dos pais, produzindo descendentes que atingem um equilíbrio entre exploração e aproveitamento. Esta abordagem inovadora foi rigorosamente avaliada utilizando um conjunto abrangente de funções de teste de referência, e o seu desempenho foi comparado com o de algoritmos estabelecidos. Os resultados da avaliação demonstram que o algoritmo IGOA é um optimizador altamente eficaz. Explora eficazmente o espaço de pesquisa e converge rapidamente para soluções óptimas. A incorporação do método de cruzamento aritmético proporciona ao IGOA uma vantagem significativa em termos de desempenho em relação a outros algoritmos, aumentando a sua capacidade de resolver problemas de otimização complexos.

Em resumo, os avanços no GOA, particularmente através do desenvolvimento do IGOA, destacam a robustez e a adaptabilidade do algoritmo. Estas melhorias sublinham o seu potencial para uma aplicação generalizada na resolução de uma variedade de problemas de otimização global, consolidando ainda mais o seu lugar como uma ferramenta de otimização líder na investigação científica.

2.4.1 Algoritmo de otimização Grasshopper

O Algoritmo de Otimização do Gafanhoto (GOA) baseia-se no comportamento natural de enxameação dos gafanhotos para resolver problemas de otimização. Quando procuram comida, os gafanhotos fazem movimentos rápidos para explorar o espaço e depois deslocam-se localmente para explorar os

recursos que descobrem. O GOA modela este comportamento utilizando um enxame virtual de gafanhotos, em que cada posição representa uma solução possível para o problema. O movimento dos gafanhotos no GOA é influenciado por vários factores. Em primeiro lugar, a interação social desempenha um papel crucial. Os gafanhotos interagem uns com os outros, trocando informações sobre posições e desempenho. Esta comunicação social orienta os gafanhotos para boas soluções.
De seguida, é tida em conta a força da gravidade. Esta força atrai os gafanhotos para baixo, incentivando-os a explorar todo o espaço de pesquisa de forma equilibrada. Desta forma, os gafanhotos podem evitar ficar presos em regiões locais óptimas.
Finalmente, o efeito da advecção do vento também é tido em conta. O vento representa uma influência externa que pode direcionar o movimento dos gafanhotos, conduzindo-os a determinadas regiões do espaço de pesquisa. A posição matemática de cada gafanhoto no enxame é descrita pela seguinte equação:

$$X_i = S_i + G_i + A_i \tag{2.20}$$

em que X_i representa a posição do gafanhoto i, S_i é o efeito da interação social, G_i é a força da gravidade exercida sobre o gafanhoto e A_i é o efeito da advecção do vento. A principal componente que simula o movimento do gafanhoto é a interação social apresentada na equação (2.21):

$$S_i = \sum_{\substack{j=1 \\ j \neq i}}^{N} s(d_{ij}) \widehat{d_{ij}} \tag{2.21}$$

em que d_{ij} é a distância entre o i-ésimo e o j-ésimo gafanhoto calculada por $d_{ij} = |x_j - x_i|$ e $\widehat{d_{ij}} = (x_j - x_i)/d_{ij}$ é um vetor unitário do i-ésimo ao j-ésimo gafanhoto. O poder das forças sociais s é definido na equação (2.22):

$$s(r) = f e^{\frac{-r}{l}} - e^{-r} \tag{2.22}$$

onde l é a escala de comprimento atractiva, f é a intensidade da atração e R representa a distância d_{ij}.
A força da gravidade G na equação (2.20) é calculada da seguinte forma:

$$G_i = -g\widehat{e_g} \tag{2.23}$$

onde g é uma constante de gravidade e *widehateg* denota um vetor unitário na direção do centro da Terra. A advecção do vento A na equação (2.20) é dada por :

$$A_i = u\widehat{e_w} \tag{2.24}$$

em que u é uma deriva constante e e_w é um vetor unitário na direção do vento. Assim, a equação (2.20) pode ser reescrita com todos os componentes da seguinte forma:

$$X_i = \sum_{\substack{j=1 \\ j \neq i}}^{N} s(|x_j - x_i|) \frac{x_j - x_i}{d_{ij}} - g\hat{e}_g + u\hat{e}_w \tag{2.25}$$

Onde N é o número de gafanhotos.
No processo de otimização, é aconselhável encontrar um bom equilíbrio entre a exploração e o aproveitamento, a fim de se aproximar com precisão do verdadeiro ótimo global. Assim, para demonstrar claramente as fases de exploração e de aproveitamento, são adicionados alguns parâmetros especiais ao modelo matemático descrito na equação (2.25), como se segue:

$$X_i = c\left(\sum_{\substack{j=1 \\ j \neq i}}^{N} c\frac{ub_d - lb_d}{2} s\left(\left|x_j^d - x_i^d\right|\right) \frac{x_j - x_i}{d_{ij}}\right) + \hat{T}_d \tag{2.26}$$

Onde :

- ub_d e lb_d são, respetivamente, os limites superior e inferior na d-ésima dimensão.

- $\hat{T}_d$ representa a posição do objetivo na dimensão dth (melhor solução encontrada até ao momento).
- c é um coeficiente decrescente para reduzir as zonas de repulsão e de atração de conforto.

O parâmetro c é atualizado para reduzir a exploração e aumentar o aproveitamento em função do número de iterações, como se mostra na equação seguinte:

$$c = c_{max} - l\frac{c_{max} - c_{min}}{L} \tag{2.27}$$

Onde l representa a última iteração e L representa o número de iterações, c_{min} indica o valor mais baixo e $cmax$ representa o valor mais alto Neste trabalho, os valores utilizados são $cmin = 0{,}00004$ e $cmax = 1$. . O pseudo-código do GOA é ilustrado no Algoritmo (3).

2.4.2 GOA melhorado baseado no cruzamento aritmético

Esta parte apresenta uma versão melhorada do Algoritmo de Otimização Grasshopper (GOA) que incorpora um operador de cruzamento aritmético para otimizar a eficiência global da solução, evitando

Algoritmo 3 Pseudo-código GOA

```
Inicializar o enxame Xi(i = 1,2,...,n)
Inicialização de cmax , cmin , e o número de iterações
Determinar a aptidão de cada agente pesquisador
T = o agente de pesquisa mais eficaz
enquanto l < número máximo de iterações
Atualizar c utilizando a Eq.((2.27))
Para cada agente de pesquisa
Estabilizar as distâncias entre gafanhotos em [1,4].
Atualizar a posição do agente de pesquisa atual utilizando a eq.((2.26))
Reintroduzir o agente atual se este não se enquadrar nos parâmetros
Fim Para
Atualizar T se houver uma  solução melhor
l=l+1
Fim Enquanto
Retorno F
```

estagnação em soluções sub-ótimas. Os algoritmos genéticos (AG), popularizados por John Holland e seus colaboradores na década de 1970, são uma categoria de algoritmos evolutivos amplamente utilizada. Baseados nos princípios da seleção natural e da genética adaptativa, os AG baseiam-se em três operadores fundamentais: cruzamento, mutação e seleção. Estes operadores são inspirados nos mecanismos evolutivos dos sistemas naturais.

O cruzamento é um operador-chave nos algoritmos genéticos, fundindo dois cromossomas, ou pais, para gerar um novo cromossoma, chamado descendência. No nosso estudo, enriquecemos o algoritmo básico GOA incorporando o operador de crossover dos algoritmos genéticos. O objetivo desta adição é estimular a diversidade e a exploração de soluções pelos agentes de pesquisa, aqui representados por gafanhotos.

O operador de crossover aritmético, no centro desta abordagem, efectua uma combinação linear dos genes dos progenitores. Para cada gene individual, um fator de peso aleatório a determina a contribuição relativa de cada progenitor. Esta estratégia permite que a informação genética seja misturada de forma controlada, melhorando o processo de reprodução e produzindo descendentes potencialmente melhores. Se a descendência herdar as caraterísticas mais vantajosas de ambos os progenitores, pode superá-los.

Os principais aspectos do operador de cruzamento aritmético incluem um equilíbrio subtil entre exploração e aproveitamento, conseguido através do ajuste de um fator de peso. Este fator é escolhido aleatoriamente em cada cruzamento, introduzindo variabilidade e promovendo a diversidade na população. Um valor elevado de a favorece a dominância de um dos progenitores, enquanto um valor baixo assegura uma contribuição mais equilibrada de ambos os progenitores.

O operador de cruzamento aritmético também ajuda a manter a diversidade genética, o que é essencial para evitar a convergência prematura para soluções sub-óptimas. Além disso, adapta-se às caraterísticas dos progenitores, permitindo que a descendência beneficie de atributos vantajosos e introduzindo modificações favoráveis à exploração.

Aplicámos um operador de cruzamento aritmético para criar uma nova descendência através da combinação linear dos cromossomas de duas soluções-mãe, conforme descrito pelas seguintes equações:

$$\begin{cases} \text{Off-spring1} = a * \text{Parent.1} + (1-a) * \text{Parent.2} \\ \text{Off-spring2} = (1-a) * \text{Parent.1} + a * \text{Parent.2} \end{cases} \quad (2.28)$$

Descendência1 = a * Progenitor.1 +(1 - a) * Progenitor.2

Descendência2 = (1 - a) * Progenitor.1 + a * Progenitor.2 em que a é o fator de peso que regula a dominância individual na reprodução e tem um valor aleatório entre 0 e 1. Esta operação é efectuada separadamente para cada gene.

consideremos dois pais escolhidos para o cruzamento, cada um com quatro genes:

Pai.1 : |0.2|1.4|0.2|7.5 |

Pai.2 : |0.5|3.5|0.1|6.6 |

Assumir o fator de peso a = 0,6. Aplicando as equações de cruzamento aritmético, geramos a seguinte descendência:

Descendência1[1] = 0,6 x 0,2 +(1 - 0,6) x 0,5 = 0,32

Descendência1[2] = 0,6 x 1,4 +(1 - 0,6) x 3,5 = 2,24

Descendência1[3] = 0,6x 0,2+(1-0,6) x 0,1 = 0,16

Descendência1[4] = 0,6 x 7,5 +(1 - 0,6) x 6,6 = 7,14

A primeira descendência é, portanto, : |0.32|, |2.24|, |0.16|, |7.14|.

Descendência2[1] = (1-0,6) x 0,2+0,6x 0,5 = 0,38

Descendência2[2] = (1-0,6) x 1,4+0,6x 3,5 = 2,66

Descendência2[3] = (1-0,6) x 0,2+0,6x 0,1 = 0,14

Descendência2[4] = (1-0,6) x7,5+0,6x 6,6 = 6,96

A segunda descendência é, portanto, : |0.38|, |2.66|, |0.14|, |6.96|.

Estes valores representam os novos indivíduos gerados pelo cruzamento aritmético dos dois progenitores. O processo é repetido para cada par de genes dos progenitores, introduzindo assim variabilidade na descendência, embora mantendo certas caraterísticas dos progenitores. Este facto contribui para a evolução da população ao longo das gerações.

Esta abordagem combina as vantagens dos algoritmos genéticos com as do GOA standard, melhorando a capacidade de pesquisa e a diversidade das soluções encontradas. O operador de crossover é utilizado após cada ciclo de pesquisa para incentivar uma exploração global eficiente.

2.5 Experiências de simulação e discussão dos resultados

O desempenho do Algoritmo de Otimização Melhorado (IGOA) proposto é avaliado através da otimização de funções de referência e da resolução de problemas de engenharia restritos. Esta avaliação permite que o IGOA seja comparado com as técnicas de otimização por enxame mais avançadas, abordando vários desafios de otimização do mundo real.

2.5.1 Referência da função de teste

Na otimização estocástica, é prática comum utilizar um conjunto de funções de teste matemáticas com óptimos conhecidos para quantificar o desempenho do algoritmo. Para tirar conclusões robustas e generalizáveis, as funções de teste precisam de ser variadas. Neste estudo, utilizámos três conjuntos de funções de teste (ver Apêndice A) que incluem funções unimodais, multimodais e compostas22ref14,22ref15, cada uma com caraterísticas distintas. Estas funções foram selecionadas para avaliar de forma abrangente o desempenho do IGOA. Para cada função de teste, utilizámos 30 agentes de pesquisa e fixámos o número máximo de iterações em 500. Cada função de teste foi executada 30 vezes para fornecer resultados estatísticos fiáveis. As medidas de desempenho utilizadas para avaliar os algoritmos incluem a média (Ave) e o desvio padrão (std) dos melhores resultados encontrados durante as iterações. Para validar os resultados obtidos pelo IGOA, comparámos o seu desempenho com o de vários outros algoritmos de otimização por enxame: Salp Swarm Algorithm (SSA) [12], Bat Algorithm (BA) [22], Firefly Algorithm (FA) [23], Cuckoo Search Algorithm (CS) [24] e Flower Pollination Algorithm (FPA) [25]. Estas comparações permitem-nos situar a eficácia do IGOA em relação a métodos bem estabelecidos e reconhecidos no domínio da otimização.

Tabela 2.4: Comparação dos resultados de otimização obtidos para as funções de ensaio unimodais, multimodais e compostas (30-dim)

F	IGOA		GOA		SSA		FA		FPA		CS		BA	
Results of unimodal benchmark functions														
	Ave	std	Ave	std	ave	std	ave	std	ave	std	ave	std	ave	std
F1	**2.0948e-08**	**2.4945e-07**	2.4080e-08	**1.1085e-08**	2.66e-07	3.31e-07	0.0396	0.01449	1.063e-07	1.27e-07	6.50e-03	2.05e-04	0.7736	0.5281
F2	**2.3270e-04**	0.0014	0.0020	0.0010	1.7945	1.4246	0.0503	0.012348	**6.000e-04**	0.0001	0.212	3.98e-02	0.3345	3.8160
F3	**2.1114e-06**	**1.788e-05**	0.0010	0.0203	1.4200e+03	931.9989	0.0492	0.019409	**5.66e-08**	**3.9e-08**	2.47e-01	2.14e-02	0.1153	0.7660
F4	**0.0012**	0.0017	**0.0002**	2.6903e-04	11.1135	4.5713	0.1455	0.031171	0.0038	0.0021	1.12e-05	8.25e-06	0.1921	0.8902
F5	**0.059173**	1.4310	569.5577	1.0462e+03	158.9668	247.5949	2.1758	1.447251	0.7812	0.3668	**0.007197**	0.007222	0.3340	0.3000
F6	**1.9095e-08**	**9.1177e-09**	2.3522e-07	2.1996e-07	1.71e-07	1.77e-07	0.0587	0.014477	1.08e-07	1.25e-07	5.95e-05	1.08e-06	0.7788	0.6739
F7	**8.7341e-04**	0.3089	0.015919	1.0845	0.1524	0.0760	**8.000e-04**	0.000504	0.0031	0.00136	0.001321	0.000728	0.1374	0.1126
Results of multimodal benchmark functions														
	Ave	std	Ave	std	ave	std	ave	std	ave	std	ave	std	ave	std
F8	**-1.8964e+03**	**103.4364**	-1.7153e+03	127.8538	-7.3652e+03	810.3841	-1245.59	353.2667	-1842.426	50.4282	-2094.91	0.0076	-1065.88	858.498
F9	1.9937	7.3905	24.2968	18.1865	52.1358	20.4032	0.2634	0.1828	0.2732	0.0685	0.1273	0.0026	1.2337	0.6864
F10	0.0040	0.0452	1.4247	0.8349	2.4500	0.6002	0.1683	0.0507	0.0073	0.0070	8.16e-09	1.63e-08	0.1293	0.0432
F11	**0.066952**	0.4963	0.8929	0.8906	**0.0156**	0.0115	0.0998	0.0244	0.0850	0.0400	0.1226	0.0496	1.4515	0.5703
F12	1.7873e-04	0.0032	0.0289	0.0630	6.9014	3.2916	0.1260	0.2632	2.000e-04	5.000e-04	5.60e-09	1.58e-10	0.3959	0.9933
F13	**1.7882e-05**	1.1300e-04	0.0030	0.0046	16.2152	14.4886	0.0021	0.0012	**3.67e-06**	3.51e-06	**4.88e-06**	6.09e-07	0.3866	0.1219
Results of composite benchmark functions														
	Ave	std	Ave	std	ave	std	ave	std	ave	std	ave	std	ave	std
F14	**0.9980**	**2.2204e-16**	1.0000	0.3386	9.3657	2.6896	N.a	N.a	N.a	N.a	N.a	N.a	N.a	N.a
F15	**7.8129e-04**	**0.0099**	0.0049	0.0087	60.0000	84.3274	150.1696	97.1590	0.3374	0.2364	110	110.0505	182.476	117.0248
F16	**-1.0316**	**4.8167e-13**	**-1.0316**	**4.2057e-13**	41.2996	31.2148	314.4654	92.9341	18.233	3.0746	140.6065	92.8032	487.2021	161.4107
F17	**0.3979**	**2.2320e-13**	0.8169	1.0000	232.8411	71.2751	734.5372	203.9693	223.5667	50.2519	289.839	86.1156	588.1938	137.7861
F18	**3.0000**	**3.0823e-12**	3.0000	0.0064	354.7110	93.9210	818.5732	109.9663	362.0262	54.0181	401.5247	98.1645	756.9757	160.097

De acordo com os resultados apresentados na Tabela 2.4, o método IGOA apresenta os melhores resultados na resolução de funções de teste unimodais, multimodais e compostas (ver valores numéricos a negrito). Os resultados deste método são superiores em quase todas as funções de teste unimodais, demonstrando um desempenho excecional. Como as funções de teste unimodais têm apenas um ótimo global, os resultados do estudo mostram claramente que o algoritmo IGOA tem um grande potencial de exploração. Os resultados desta estratégia são claramente superiores em mais de metade das funções de teste multimodais. Como as funções de teste multimodais fornecem uma grande variedade de soluções, estes resultados demonstram quantitativamente a utilidade do método proposto para evitar soluções locais durante a otimização. O método IGOA supera os outros métodos com base nos resultados do algoritmo em funções de teste compostas. As funções de teste compostas são mais complexas do que as funções de teste multimodais, exigindo um equilíbrio adequado entre a exploração e o aproveitamento. Consequentemente, o algoritmo IGOA consegue equilibrar com sucesso a exploração e o aproveitamento para lidar com problemas tão complexos.

2.5.2 Aplicação a problemas de engenharia

A utilização de técnicas de otimização estocástica para resolver problemas de projeto estrutural é um tema de investigação muito popular na literatura [26, 27]. Esta secção utiliza o algoritmo IGOA sugerido para resolver dois problemas típicos de projeto estrutural.

Para resolver os problemas de conceção, utilizámos 30 agentes de pesquisa e realizámos 500 iterações. Cada problema foi resolvido 30 vezes. Os resultados são comparados com os dos algoritmos CS, DE, CPSO, PSO, GA, ES, LFD, WOA, RDWOA, LWOA, ALO, MMA, GCA-I, GCA-II, SOS extraídos de [15, 12, 28], que foram utilizados para validar os resultados.

2.5.3 Problema de conceção do recipiente sob pressão

O objetivo do problema do recipiente sob pressão é reduzir o custo global da forma cilíndrica, como ilustrado acima.

A Tabela 2.5 mostra que, quando os quatro parâmetros Ts, Th, R e L são ajustados para os valores obtidos de 0,7782845, 0,3847233, 40,32537 e 199,926, respetivamente, o valor mínimo do algoritmo IGOA é 5885,7432. No problema do projeto do vaso de pressão, o algoritmo IGOA produz resultados excelentes em comparação com outras técnicas. Como resultado, a abordagem é viável e bem sucedida na resolução de problemas de engenharia com restrições.

2.5.4 Problema de dimensionamento de uma viga cantilever

Outro problema de projeto estrutural, bem conhecido na literatura, é apresentado da seguinte forma considere

$$x = [x_1 x_2 x_3 x_4 x_5]$$

Quadro 2.5: Comparação dos resultados para o problema de conceção de um recipiente sob pressão

Algoritmo	Variáveis				objetivo Custo
	Ts	*O*	R	L	
CS	1.063	2.250	45.66	149.8	6066.0134
DE	0.8125	0.4375	41.99	178.1	6074.6231
CPSO	0.812500	0.437500	42.0912660	176.746500	6061.0777
PSO	0.8125	0.5000	40.86	197.0	6501.7607
AG	0.812500	0.437500	42.097398	176.654050	6059.9463
ES	0.812500	0.437500	42.098087	176.640518	6059.7456
LFD	0.8777	0.4339	45.4755	139.0654	6080
WOA	0.812500	0.437500	42.098209	176.638998	6059.7410
RDWOA	0.793769	0.39236	41.127973	189.045124	5912.53868

LWOA	0.778858	0.385321	40.32609	200	5893.339
GOA	0.7826177	0.392752	40.54992	199.9876	5979.0072
IGOA	0.7782845	0.3847233	40.32537	199.926	5885.7432

. Minimizar

$$f(X) = 0.6224(x_1 + x_2 + x_3 + x_4 + x_5) \quad (2.29)$$

Sujeito a

$$g(\vec{x}) = \frac{61}{x_1^3} + \frac{27}{x_2^3} + \frac{19}{x_3^3} + \frac{7}{x_4^3} + \frac{1}{x_5^3} - 1 \leq 0 \quad (2.30)$$

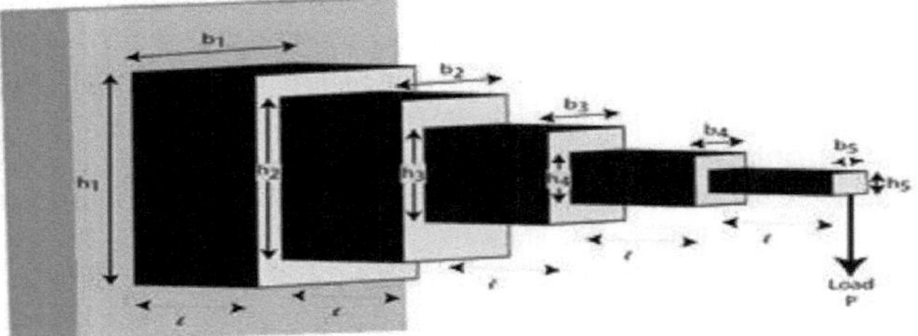

Figura 2.5: Problema de dimensionamento de uma viga cantilever.

Tabela 2.6: Resultados da comparação para o problema de conceção de um cantilever.

Algoritmo	Valores óptimos para as variáveis					Peso ideal
	x1	x2	x3	x4	x5	
ALO	6.01812	5.31142	4.48836	3.49751	2.158329	1.33995
MMA	6.0100	5.300	4.4900	3.4900	2.1500	1.3400
GCA_I	6.0100	5.3000	4.4900	3.4900	2.1500	1.3400
GCA_II	6.0100	5.3000	4.4900	3.4900	2.1500	1.3400
CS	6.0089	5.3049	4.5023	3.5077	2.1504	1.33999
SOS	6.01878	5.30344	4.49587	3.49896	2.15564	1.33996
GOA	6.0199	5.36989	4.43093	3.50134	2.15481	1.3402
IGOA	6.02981	5.32355	4.45594	3.52263	2.14288	1.33995

Na Tabela 2.6, os resultados são resumidos e comparados com ALO, MMA, GCA-I, GCA-II, CS e SOS de [15, 28]. A Tabela 2.6 mostra que o algoritmo IGOA fornece o melhor peso ótimo; consequentemente, o algoritmo IGOA supera todos os outros algoritmos e é igual ao ALO.

2.6 Conclusão

Este estudo apresenta duas técnicas de otimização avançadas: o Algoritmo de Otimização de Gafanhoto Melhorado (IGOA) e o Algoritmo de Enxame de Salpicos Melhorado (ISSA). Através de uma extensa experimentação, estes algoritmos demonstraram uma eficácia significativa num conjunto diversificado de desafios de otimização.

O algoritmo IGOA destaca-se pela integração de uma técnica de crossover aritmético, que melhorou notavelmente as suas capacidades de exploração e exploração. Esta melhoria conduziu a um desempenho superior quando comparado com métodos metaheurísticos estabelecidos. O IGOA demonstrou capacidades excepcionais na diversificação do processo de pesquisa, intensificando o foco em regiões promissoras e evitando eficazmente o aprisionamento em óptimos locais. Além disso, o algoritmo demonstrou ter um desempenho superior às abordagens existentes na resolução de problemas complexos de conceção de engenharia, tais como a otimização de vasos de pressão e estruturas de vigas cantilever.

Do mesmo modo, o algoritmo ISSA foi reforçado com um mecanismo de espiral logarítmica e uma estratégia de trajetória de voo Levy, que aumentaram significativamente o seu desempenho. Os resultados experimentais em problemas reais de projeto de engenharia sublinham a eficiência do algoritmo e a sua vantagem competitiva em relação a outros algoritmos metaheurísticos bem conhecidos. O ISSA demonstrou capacidades robustas de exploração e exploração, fornecendo consistentemente soluções de alta qualidade e mitigando o risco de convergência prematura.

Os resultados deste estudo sublinham a eficácia das técnicas IGOA e ISSA na resolução de um vasto espetro de problemas de otimização. Estes algoritmos não só contribuem com avanços valiosos para o campo da otimização metaheurística, como também oferecem pistas promissoras para investigação futura. As suas abordagens inovadoras têm um grande potencial para lidar com cenários de otimização cada vez mais complexos e diversificados, tornando-os ferramentas vitais para os desafios de otimização actuais e futuros.

CAPÍTULO 3

3. Otimização Avançada Multi-Objetivo em Engenharia

3.1 Introdução

As metaheurísticas apresentadas no capítulo anterior demonstraram a sua eficácia na resolução de problemas de otimização com um único objetivo. No entanto, a maioria dos problemas do mundo real são de natureza multi-objetivo, envolvendo a otimização simultânea de vários critérios, muitas vezes conflituantes. Por exemplo, pode ser necessário aumentar a qualidade de um produto e, ao mesmo tempo, reduzir o seu custo de produção. A otimização multiobjectivo, ou otimização multicritério, visa otimizar várias funções simultaneamente para obter os melhores resultados possíveis.

Uma das principais vantagens da otimização multiobjectivo é a sua capacidade de ter em conta vários critérios em simultâneo, resultando em soluções mais completas e alinhadas com os objectivos reais do problema. As soluções obtidas podem ser avaliadas de acordo com vários critérios, permitindo uma melhor compreensão das soluções de compromisso entre os diferentes objectivos e restrições do problema [3]. No entanto, a resolução de problemas de otimização multiobjectivo é complexa, uma vez que é frequentemente difícil encontrar uma solução de compromisso óptima entre os diferentes critérios. A otimização multiobjectivo pode conduzir a uma explosão combinatória de soluções potenciais, tornando difícil encontrar a solução óptima. Além disso, a visualização e a análise de soluções num espaço multidimensional podem ser particularmente difíceis.

Podem ser utilizadas várias abordagens para ultrapassar estas dificuldades. Os algoritmos evolutivos, como os algoritmos genéticos e as estratégias de evolução [29, 30], são normalmente utilizados para resolver problemas de otimização multiobjectivo. Estes algoritmos procuram melhorar iterativamente uma população de soluções candidatas utilizando operadores de seleção, cruzamento e mutação. Outra abordagem popular é a otimização por enxame de partículas (PSO), que simula o movimento de partículas num espaço de pesquisa para encontrar as melhores soluções possíveis.

As técnicas baseadas na inteligência artificial também são utilizadas para resolver problemas de otimização multiobjectivo. As redes neuronais e os algoritmos de aprendizagem automática podem aprender modelos de soluções óptimas a partir de dados de treino, que podem depois ser utilizados para prever soluções óptimas para novos problemas.

Um problema de otimização multiobjectivo pode ser formulado da seguinte forma:

$$\begin{cases} \min F(x) = (f_1(x), f_2(x), \ldots, f_m(x)) \\ text \text{ under the constraint } x \in C \end{cases}$$

onde

- $x = (x_1, ..., xn)$ é o vetor que representa as variáveis de decisão.
- C representa o conjunto de soluções viáveis associadas a restrições de igualdade, desigualdade e limites explícitos (espaço de decisão),
- $F(x) = (f_1(x), f_2(x), ..., f_m(x))$ é o vetor das funções objetivo a otimizar (ou critérios de decisão)
- sendo $m > 2$ o número de funções objetivo.

Na literatura, existem duas classificações distintas de métodos para resolver problemas de otimização multiobjectivo. A primeira classificação baseia-se no ponto de vista do decisor e divide estes métodos em três categorias, de acordo com a cooperação entre o método de otimização e o decisor:

- Métodos a priori: Nestes métodos, o decisor intervém a montante do método de otimização, definindo as suas preferências, por exemplo, ponderando os objectivos em função da sua importância. Os métodos de otimização adaptam-se então às preferências do decisor para fornecer soluções óptimas.
- Métodos progressivos ou interactivos: Nestes métodos, o decisor pode refinar a sua escolha, descartando ou favorecendo soluções à medida que o processo de resolução avança. O decisor está, assim, mais ativamente envolvido na resolução do problema de otimização.
- Métodos a posteriori: Nestes métodos, o decisor é envolvido a jusante da otimização. O método de otimização fornece um conjunto de soluções óptimas e, em seguida, o decisor escolhe a solução que lhe parece mais interessante de acordo com os seus critérios e preferências.

A segunda classificação dos métodos de resolução de problemas de otimização multiobjectivo está relacionada com a forma como as funções objetivo são tratadas. Distingue três tipos de métodos:

- Métodos agregados: Estes métodos combinam as funções objetivo numa única função agregada. As soluções óptimas são determinadas procurando maximizar ou minimizar esta função agregada.
- Métodos não agregados e não-Pareto: Estes métodos não combinam as funções objetivo numa única função agregada e não procuram necessariamente encontrar equilíbrios de Pareto. Podem utilizar abordagens como a otimização evolutiva ou a aprendizagem automática para encontrar soluções óptimas.
- Métodos baseados no equilíbrio de Pareto: Estes métodos centram-se na procura de soluções que sejam equilíbrios de Pareto, ou seja, soluções que não podem ser melhoradas para um objetivo sem degradar outro objetivo.

3.1.1 Abordagens baseadas no equilíbrio de Pareto

Os métodos de equilíbrio de Pareto [31, 2] são amplamente reconhecidos para a resolução de problemas multicritérios. Baseiam-se no conceito de equilíbrio de Pareto, segundo o qual duas partes podem encontrar um compromisso em que cada uma delas atinge um certo grau de satisfação. Por outras palavras, é possível determinar um conjunto de soluções que oferecem um equilíbrio entre diferentes restrições, permitindo a cada parte obter uma satisfação óptima. Estes métodos são frequentemente utilizados para comparar os resultados de várias soluções possíveis e para identificar um compromisso que satisfaça todas as partes envolvidas.

A abordagem do equilíbrio de Pareto consiste em determinar o nível de equilíbrio necessário para que cada parte alcance a satisfação máxima. São então utilizadas ferramentas matemáticas, tais como modelos de programação linear e métodos de pesquisa de otimização, para encontrar este compromisso.

A Figura 3.1 ilustra um exemplo de uma frente de Pareto, que representa o conjunto de soluções óptimas para um problema multiobjectivo. É importante notar que a frente de Pareto nem sempre é regular e pode adotar diferentes formas, como a côncava ou a descontínua. As soluções nesta frente não podem ser comparadas diretamente, uma vez que nenhuma é sistematicamente superior às outras em todos os objectivos. A escolha da solução final baseia-se, por conseguinte, nas preferências e nos condicionalismos do decisor.

A otimização multiobjectivo trata de problemas com vários objectivos simultâneos. Neste contexto, podem ser encontradas muitas soluções para atingir esses objectivos. A frente de Pareto é uma ferramenta comummente utilizada para visualizar e compreender as soluções óptimas na otimização multiobjectivo [33, 30].

Os optimizadores multiobjectivo geram soluções para determinar a frente de Pareto. A complexidade dos problemas, o número de aproximações e a diversidade de soluções podem influenciar o tempo necessário para encontrar essas soluções. Os algoritmos evolutivos multiobjectivo (MOEA) tornaram-se uma técnica popular para resolver estes problemas. Entre os MOEA mais utilizados contam-se o algoritmo Multi-Objective Particle Swarm Optimisation (MOPSO)3ref3,3ref4, o Dragonfly Algorithm for Multi-Objective Problems (MODA)3ref5, o non-dominated sorting genetic algorithm (NSGA) [34], o multi-objective differential evolution algorithm (MODE) [35], o multi-objective ant colony optimisation (MOACO) e a multiobjective evolution strategy (MOES) [36, 37]. Estes algoritmos provaram a sua eficácia na aproximação de soluções na frente de Pareto.

Para além dos algoritmos mencionados, o algoritmo de otimização multiobjectivo do gafanhoto (MOGOA) [38], inspirado no comportamento de enxameação dos gafanhotos, tem um potencial efetivo de exploração e prospeção. Várias estratégias de melhoramento foram integradas no algoritmo de otimização do gafanhoto standard (GOA), como a teoria do caos [39], a estratégia de seleção natural [21] e a estratégia de voo de Levy [8, 40, 41]. O voo de Levy, uma classe particular de passeio aleatório, é normalmente utilizado para reforçar a aleatoriedade do movimento dos agentes de pesquisa [42, 43, 24]. Por exemplo, o voo de Levy

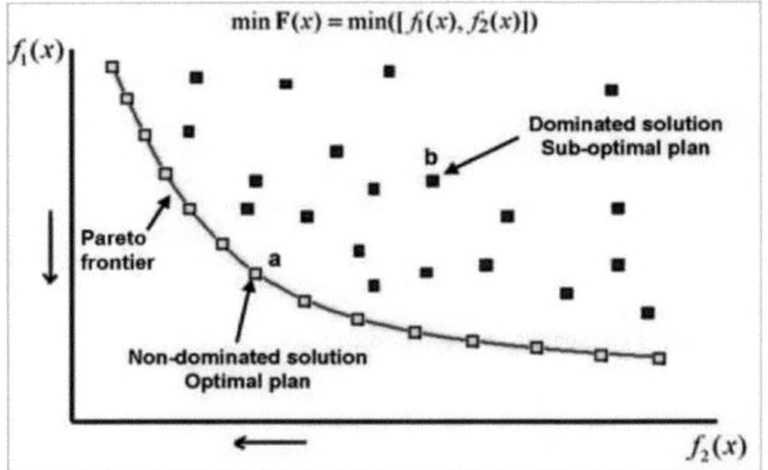

Figura 3.1: Frente de Pareto e fileiras de Pareto no contexto da minimização de dois objectivos [32]

O algoritmo de otimização do gafanhoto foi utilizado para o rastreio visual [8] e um algoritmo melhorado para prever o stress financeiro [40]. Foi também aplicado um algoritmo de gafanhoto modificado para a limiarização da segmentação de imagens a cores de vários níveis [41].

Neste capítulo, apresentamos um novo algoritmo denominado 'Levy flight trajectory-based multi-objective grasshopper optimisation algorithm' (LMOGOA) [44, 45]. Este novo algoritmo combina as vantagens do MOGOA com a estratégia de voo de Levy para melhorar tanto a exploração como o aproveitamento. O LMOGOA foi avaliado num conjunto de funções de teste normalizadas e os resultados mostram um desempenho superior em comparação com outros algoritmos de referência. Esta superioridade é atribuída à capacidade do voo de Levy para diversificar a pesquisa e acelerar a convergência para a frente óptima de Pareto.

Os resultados experimentais confirmam que o LMOGOA é um poderoso optimizador multi-objetivo, capaz de gerar soluções de alta qualidade com boa diversidade e convergência rápida. Esta abordagem inovadora contribui significativamente para a otimização multiobjectivo e abre novas perspectivas para a resolução de problemas complexos.

3.2 O Algoritmo de Otimização Multi-objetivo Grasshopper (MOGOA)

O algoritmo de otimização multiobjectivo baseado em gafanhotos, conhecido como Multi-objective Grasshopper Optimisation Algorithm (MOGOA), é uma metaheurística inovadora inspirada no comportamento dos gafanhotos. Este algoritmo foi especificamente concebido para resolver problemas de otimização multiobjectivo, em que é necessário otimizar simultaneamente vários objectivos contraditórios.

Inspiração biológica e os fundamentos do MOGOA A principal inspiração para o MOGOA vem do comportamento natural dos gafanhotos. Na natureza, os gafanhotos exibem um comportamento de enxameação que pode ser modelado para explorar e explorar eficientemente o espaço de pesquisa. No MOGOA, cada gafanhoto representa uma solução potencial para o problema de otimização e a sua posição corresponde a uma solução candidata no espaço de pesquisa.

3.2.1 Estrutura da MOGOA

O algoritmo MOGOA mantém uma população de gafanhotos e utiliza técnicas específicas para gerir a exploração e o aproveitamento do espaço de pesquisa.

Inicialização: No início, é gerada aleatoriamente uma população inicial de gafanhotos no espaço de pesquisa. Cada gafanhoto representa uma solução potencial com valores iniciais para as diferentes variáveis de decisão.

Exploração e aproveitamento: Durante o processo de otimização, o MOGOA utiliza diferentes técnicas para explorar e explorar o espaço de pesquisa:

Saltos aleatórios: Os movimentos aleatórios permitem que os gafanhotos explorem novas regiões do espaço de pesquisa, incentivando assim a diversificação das soluções.

Pesquisa local e global: O algoritmo utiliza operadores de pesquisa local para aperfeiçoar soluções numa vizinhança próxima e operadores de pesquisa global para manter a diversidade, explorando soluções em toda a população. O operador de pesquisa local melhora as soluções numa vizinhança restrita, enquanto o operador de pesquisa global promove a diversidade introduzindo novas soluções em toda a população.

Avaliação da solução: Cada solução (gafanhoto) é avaliada em termos de várias funções objetivo que captam os diferentes aspectos a otimizar. O objetivo do MOGOA é encontrar um conjunto de soluções denominadas "frentes de Pareto". Estas soluções representam um compromisso ótimo entre objectivos contraditórios e são consideradas óptimas de Pareto porque nenhuma outra solução pode melhorar um objetivo sem piorar outro.

Atualização das Posições : O algoritmo MOGOA actualiza as posições dos gafanhotos utilizando as mesmas equações de movimento que o algoritmo GOA tradicional, com uma diferença notável no procedimento de atualização do alvo. As equações de atualização da posição incorporam factores de atração e repulsão entre os gafanhotos para modelar o seu comportamento de enxameação.

Operadores genéticos : O algoritmo aplica iterativamente operadores genéticos para atualizar a população:

- Seleção: As soluções de melhor qualidade são selecionadas para reprodução.
- Crossover: Novas soluções são geradas pela combinação das caraterísticas das soluções existentes.
- Mutação: As modificações aleatórias são introduzidas para manter a diversidade genética e explorar novas
regiões do espaço de pesquisa.

Critérios de paragem : O MOGOA continua o processo iterativo até ser atingido um critério de paragem, tal como um número máximo de iterações ou a convergência de soluções. No final deste processo, o algoritmo produz um conjunto diversificado de soluções óptimas de Pareto que oferecem diferentes soluções de compromisso entre objectivos.

3.2.2 Desempenho e capacidade de adaptação do MOGOA

O algoritmo MOGOA foi originalmente proposto por Mirjalili [38], com base no algoritmo GOA tradicional. O MOGOA utiliza as mesmas equações que o GOA para atualizar as posições dos gafanhotos, mas com um procedimento de atualização de alvos modificado para lidar melhor com alvos múltiplos.

É importante notar que o MOGOA pode ser modificado e adaptado de acordo com as necessidades específicas do problema de otimização. A comunidade de investigação propôs diversas variantes e melhoramentos do algoritmo para aumentar o seu desempenho e a sua capacidade de resolver problemas mais complexos. Por exemplo, as abordagens híbridas que integram o MOGOA com outras técnicas de otimização, ou que incorporam estratégias como a teoria do caos ou o voo de Levy, têm mostrado resultados promissores.

3.3 Otimização multi-objetivo utilizando o algoritmo Levy Flight Grasshopper

Neste trabalho, abordamos as limitações do Algoritmo de Otimização Multi-Objetivo Grasshopper (MOGOA) quando aplicado a problemas de otimização multimodais e de elevada dimensão. Embora o MOGOA tenha demonstrado ser eficaz para problemas unimodais e de baixa dimensão, o seu desempenho é insuficiente quando confrontado com cenários mais complexos. Para ultrapassar estas limitações e evitar a convergência prematura para óptimos locais, propomos uma versão melhorada do MOGOA, designada por Algoritmo de Otimização Multi-Objetivo Levy Flight Grasshopper (LMOGOA).

3.3.1 Integração do Levy Flight no MOGOA

O algoritmo LMOGOA incorpora o conceito de voo de Levy, uma forma de passeio aleatório em que os comprimentos dos passos são retirados de uma distribuição de Levy. Este modelo de voo é inspirado no comportamento de movimento observado em muitas espécies de insectos na natureza [11]. O voo de Levy tem sido aplicado a várias estratégias de pesquisa optimizada. Por exemplo, foram estudadas as trajectórias de voo das moscas da fruta à medida que estas exploram o seu ambiente. Ao integrar esta estratégia no algoritmo MOGOA, prevemos melhorias significativas em termos de exploração e aproveitamento, uma vez que a trajetória de voo de Levy introduz diversidade entre os agentes de pesquisa, facilitando assim a exploração eficiente do espaço de pesquisa e evitando as armadilhas dos óptimos locais.

3.3.2 Metodologia LMOGOA

No algoritmo LMOGOA proposto, utilizamos a trajetória do voo de Levy para atualizar as posições dos agentes gafanhotos. Esta atualização segue uma equação estocástica que se assemelha a um passeio aleatório, como ilustrado pela seguinte equação:

$$\vec{X}(t+1) = \vec{X}(t) + \mu \,\mathrm{sign}\left(\mathrm{rand} - \frac{1}{2}\right) \oplus \mathrm{Levy} \tag{3.1}$$

em que $\vec{X}(t)$ representa a posição do i-ésimo gafanhoto na iteração *t*, *mu* é um número aleatório uniformemente distribuído, o produto $\oplus$ é a multiplicação por entrada e *rand* é um número aleatório no intervalo [0, 1]. O sinal $(rand - \frac{1}{2})$ tem apenas três valores possíveis: 1, 0, e -1.

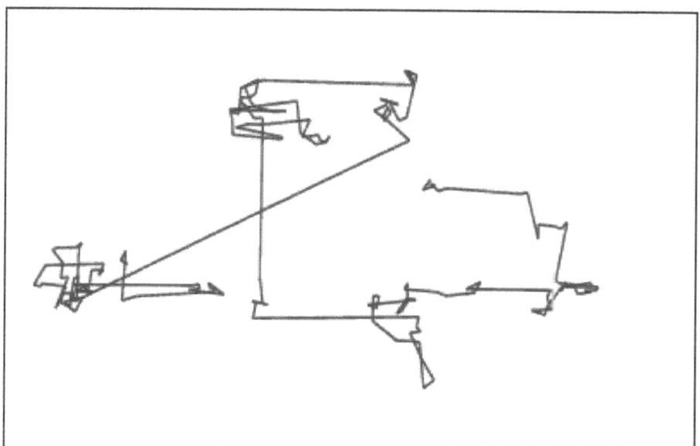

Figura 3.2: Trajetória 2D durante um voo Levy

A distribuição de voo de Levy gera números aleatórios com base em passos e saltos aleatórios, determinados pelo comprimento dos passos. A distribuição Levy pode ser expressa como :

$$\text{Levy} \sim t^{-\lambda}, 1 < \lambda \leq 3 \quad (3.2)$$

As simulações das trajectórias dos Voos de Levy, apresentadas na Figura 3.2, mostram que os passos são geralmente pequenos, mas ocasionalmente grandes. Para gerar um passo aleatório de comprimento *5*, substituindo a distribuição estável ℷ dos Voos de Levy, usamos a seguinte equação:

$$s = \frac{\mu}{|v|^{1/\beta}} \quad (3.3)$$

em que $\lambda = 1+\beta$ e $\beta = 1.5, \mu = N(0,\sigma_\mu^2)$ e $v = N(0,\sigma_v^2)$ são derivados das distribuições normais expressas a seguir:

$$\sigma_\mu = \left[\frac{\Gamma(1+\beta)\times\sin\left(\frac{\pi\beta}{2}\right)}{\Gamma\left(1+\frac{\beta}{2}\right)\times\beta\times 2^{(\beta-1)/2}}\right]^{1/\beta}, \sigma_v = 1 \quad (3.4)$$

em que Γ é a função gama.

3.3.3 Vantagens e desempenho da LMOGOA

O algoritmo LMOGOA tira partido das particularidades da trajetória do voo de Levy para melhorar as suas capacidades de exploração (diversificação) e de aproveitamentc (intensificação). O LMOGOA tende a procurar primeiro regiões promissoras no espaço global e depois a aperfeiçoar as soluções dentro dessas regiões, o que lhe permite evitar ficar preso em óptimos locais. Quando se trata de aproximar a verdadeira frente de Pareto, o algoritmo LMOGOA, graças às suas propriedades distintivas, tem o potencial de superar o algoritmo MOGOA.

3.4 Validação experimental

Para validar o desempenho do algoritmo proposto, serão utilizadas várias funções de teste de referência para resolver uma variedade de problemas de otimização. As simulações incluirão problemas sem restrições (ZDT1, ZDT2, ZDT3), bem como problemas com restrições (CONSTR, TNK, SRN, BNH). Os algoritmos LMOGOA e MOGOA foram implementados em Matlab (2007b) e executados num computador com um processador Intel Core i7, uma CPU de 2,7 GHz e 8 gigabytes de RAM. Os testes foram efectuados com um total de 100 iterações, 100 agentes de pesquisa e um tamanho de 100 arquivos. Estes parâmetros permitem uma comparação justa entre o LMOGOA e o MOGOA, avaliando a sua capacidade de explorar o espaço de pesquisa e convergir para soluções óptimas.

3.4.1 Medidas de desempenho

Na otimização multiobjectivo, os principais objectivos são conseguir uma boa convergência e diversidade de soluções no conjunto ótimo-pareto. Isto garante que as soluções encontradas não estão apenas próximas da frente Pareto-óptima, mas também distribuídas uniformemente ao longo dela. Para avaliar e comparar quantitativamente o desempenho dos algoritmos, utilizamos vários indicadores-chave:

1. Distância geracional (GD): Esta métrica quantifica a convergência do conjunto de soluções para a verdadeira frente de Pareto. Mede a distância média entre as soluções obtidas e as soluções ideais na frente de Pareto.

$$GD = \frac{\sqrt{\sum_{j=1}^{N} d_j^2}}{N} \tag{3.5}$$

em que d_j é a distância euclidiana entre a j-ésima solução obtida e a solução correspondente na frente de Pareto ideal, e N é o número total de soluções obtidas.

2. Distância Geracional Inversa (IGD): Esta métrica avalia a capacidade do algoritmo para cobrir a frente de Pareto. Calcula a distância média de cada solução na frente de Pareto atual à solução mais próxima no conjunto obtido.

$$IGD = \frac{\sqrt{\sum_{j=1}^{N_t} \left(d'_j\right)^2}}{N_t} \tag{3.6}$$

em que N_t é o número de soluções na frente de Pareto verdadeira e d_j é a distância entre a j-ésima solução de Pareto verdadeira e a solução obtida mais próxima.

3. Espalhamento máximo (MS): Esta métrica mede a diversidade de soluções no conjunto de Pareto encontrado. Uma maior dispersão indica uma melhor exploração do espaço de soluções.

$$MS = \sqrt{\sum_{j=1}^{o} \max\left(d\left(a_j, b_j\right)\right)} \tag{3.7}$$

em que o é o número de objectivos, a_j e b_j são, respetivamente, os valores máximo e mínimo para o j-ésimo objetivo e d é uma função de distância euclidiana.

Note-se que, para as métricas GD e IGD, valores mais baixos indicam um melhor desempenho em termos de convergência e cobertura, enquanto valores mais elevados para a métrica MS indicam uma melhor diversidade no conjunto de soluções.

3.4.2 Resultados de problemas de teste sem restrições

Para validar o desempenho do LMOGOA proposto, utilizámos um conjunto de funções de teste bem conhecidas com frentes de Pareto convexas, não convexas e descontínuas [38, 46]. Estas funções foram concebidas para testar diferentes capacidades dos algoritmos, tais como lidar com a convexidade, a descontinuidade e a não-convexidade no espaço de solução.

Funções de teste utilizadas

- Função de teste *ZDT1*:

A função ZDT1 tem uma frente de Pareto convexa. É uma função clássica utilizada para avaliar a capacidade dos algoritmos para aproximar uma frente de Pareto convexa simples. É definida pelas seguintes equações: Minimizar

$$f_1(x) = x_1 \tag{3.8}$$

$$f_2(x) = g(x)\left[1 - \sqrt{x_1/g(x)}\right] \tag{3.9}$$

onde

$$g(x) = 1 + 9\left(\sum_{i=2}^{n} x_i\right)/(n-1) \quad (3.10)$$

com $0 \leq x_i \leq 1$ for $1 \leq i \leq 30.$

- ZDT_2 função de teste:

Esta função tem uma frente de Pareto não convexa. É utilizada para testar a capacidade dos algoritmos para lidar com formas não convexas no espaço de Pareto.
Minimizar

$$f_1(x) = x_1 \quad (3.11)$$

$$f_2(x) = g(x)\left[1 - (x_1/g(x))^2\right] \quad (3.12)$$

Onde

$$g(x) = 1 + 9\left(\sum_{i=2}^{n} x_i\right)/(n-1) \quad (3.13)$$

com $0 \leq x_i \leq 1$ for $1 \leq i \leq 30.$

- ZDT_3 Função de teste :

A função ZDT3 tem várias frentes de Pareto desconectadas, testando a capacidade dos algoritmos para explorar várias regiões do espaço de solução.
Minimizar

$$f_1(x) = x_1$$
$$f_2(x) = g(x)\left[1 - \sqrt{x_1/g(x)} - \frac{x_1}{g(x)} sin(10\pi x_1)\right] \quad (3.14)$$

Onde

$$g(x) = 1 + 9\left(\sum_{i=2}^{n} x_i\right)/(n-1) \quad (3.15)$$

com $0 \leq x_i \leq 1$ for $1 \leq i \leq 30.$

O desempenho dos algoritmos LMOGOA e MOGOA nas funções de teste ZDT1, ZDT2 e ZDT3 é apresentado nas Tabelas 3.1, 3.2 e 3.3, respetivamente. Estas tabelas incluem medidas da média, desvio padrão, melhores e piores valores para GD, IGD e MS obtidos pelos dois algoritmos após 5 execuções independentes. Os tempos médios de execução estimados para cada função de teste são : $mZDT1 = 24{,}7s$, $TZDT2 = 20{,}15s$ e $TZDT3 = 18{,}56s$.

- Convergência e cobertura: O LMOGOA mostra uma melhoria significativa nos valores de GD e IGD em comparação com o MOGOA, indicando uma melhor convergência para a frente de Pareto e uma cobertura mais completa da mesma.
- Diversidade de soluções: O LMOGOA também obtém valores de EM mais elevados, demonstrando uma melhor diversidade de soluções ao longo da frente de Pareto, particularmente visível na função ZDT3 onde as frentes estão desconectadas.
- Desempenho consistente: os desvios-padrão das medições indicam estabilidade no desempenho do LMOGOA nas diferentes execuções, em comparação com o MOGOA, que apresenta maior variabilidade.

Estes resultados confirmam que a integração do Levy Flight no MOGOA melhora as capacidades de exploração do algoritmo, tornando-o mais eficaz na resolução de problemas de otimização multi-objetivo complexos e diversificados. As melhorias em termos de convergência e diversidade demonstram o potencial do LMOGOA para lidar com problemas reais que requerem uma investigação multi-objetivo aprofundada.

O LMOGOA (Levy Multi-Objective Grasshopper Optimization Algorithm) proposto apresenta um desempenho superior nos três problemas de teste de otimização multi-objetivo: ZDT_1, ZDT_2, e ZDT_3. Em particular, o LMOGOA apresenta valores mais baixos para as métricas IGD (Distância Geracional Inversa) e GD (Distância Geracional), indicando uma melhor convergência em comparação com o tradicional MOGOA (Algoritmo de Otimização Multi-Objetivo Grasshopper). Valores mais baixos para IGD e GD indicam que as soluções obtidas estão mais próximas da frente de Pareto real e cobrem-na mais completamente. Para além disso, os valores mais elevados obtidos para a métrica MS (Maximum Spread) com o LMOGOA demonstram que o algoritmo proporciona uma cobertura superior do espaço de soluções, o que é crucial para a exploração completa das frentes de Pareto.

Tabela 3.1: Desempenho do LMOGOA e do MOGOA na Função de Teste 1 (ZDT1)

(ZDT1)	Algoritmo	Ave	Std	Melhor	Pior
GD	LMOGOA	0.0011	2.33e-04	7.84e-04	0.0013
	MOGOA	0.0203	0.0426	0.0011	0.0965
IGD	LMOGOA	0.0027	7.88e-04	0.0019	0.0040
	MOGOA	0.0166	0.0158	0.0019	0.0392
EM	LMOGOA	0.9595	0.0465	0.8890	0.9974
	MOGOA	0.7621	0.2327	0.4572	0.9995

Tabela 3.2: Desempenho de LMOGOA e MOGOA na Função de Teste 2 (ZDT2)

(ZDT2)	Algoritmo	Ave	Std	Melhor	Pior
GD	LMOGOA	8.4e-04	2.93e-04	5.89e-04	0.0013
	MOGOA	0.0017	0.0021	3.07e-04	0.0052
IGD	LMOGOA	0.0019	2.29e-04	0.0016	0.0022
	MOGOA	0.0268	0.0231	0.0017	0.0521
EM	LMOGOA	0.9220	0.1546	0.6458	0.9969
	MOGOA	0.6699	0.4136	0.2041	1.0142

Tabela 3.3: Desempenho de LMOGOA e MOGOA na Função de Teste 3 (ZDT3)

(ZDT3)	Algoritmo	Ave	Std	Melhor	Pior
GD	LMOGOA	0.0016	3.15e-04	0.0014	0.0022
	MOGOA	0.0020	4.42e-04	0.0014	0.0026
IGD	LMOGOA	0.0249	9.62e-04	0.0233	0.0259
	MOGOA	0.0291	0.0079	0.0244	0.0430
EM	LMOGOA	0.7464	0.0774	0.7008	0.8833
	MOGOA	0.7011	0.2143	0.3443	0.9222

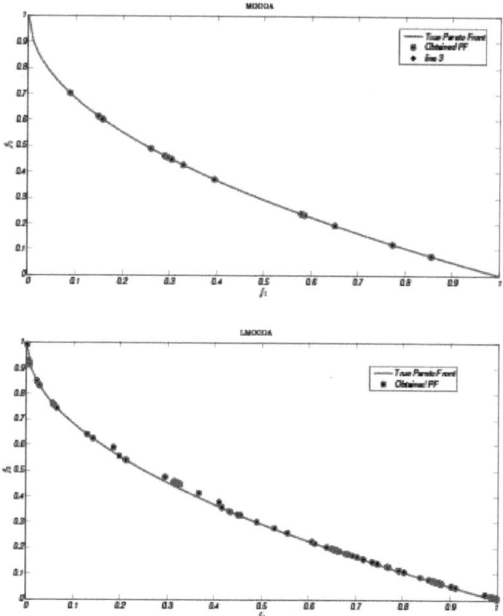

Figura 3.3: "Frentes de Pareto obtidas por LMOGOA e MOGOA no ZDT1" (Para o ZDT1, que tem uma frente de Pareto convexa, LMOGOA consegue obter uma frente mais estreita e melhor alinhada com a frente de Pareto teórica, em comparação com MOGOA).

As Figuras 3.3, 3.4 e 3.5 ilustram visualmente as melhores frentes de Pareto produzidas pelos algoritmos MOGOA e LMOGOA para os problemas de otimização ZDT_1 , ZDT_2 e ZDT_3 , respetivamente. Estes gráficos mostram claramente que o LMOGOA é superior ao MOGOA em termos de :

Distribuição da Frente de Pareto: As soluções obtidas pelo LMOGOA são distribuídas de forma mais uniforme ao longo da frente de Pareto, o que é uma indicação do aumento da diversidade das soluções. Isto resulta numa cobertura superior do conjunto de soluções potenciais, garantindo que o algoritmo não negligencia nenhuma região importante do espaço de pesquisa.

Convergência melhorada: O LMOGOA oferece uma melhor convergência para a frente de Pareto ideal para cada função de teste. As soluções estão mais próximas dos valores óptimos esperados, o que é crucial para garantir a eficiência e a precisão das soluções propostas pelo algoritmo.

Estas observações sublinham o impacto positivo da integração do Levy Flight no LMOGOA, permitindo uma exploração mais robusta e eficiente do espaço de pesquisa. A melhoria da cobertura e da convergência com o LMOGOA reforça o seu potencial como uma ferramenta poderosa para resolver problemas complexos de otimização multi-objetivo.

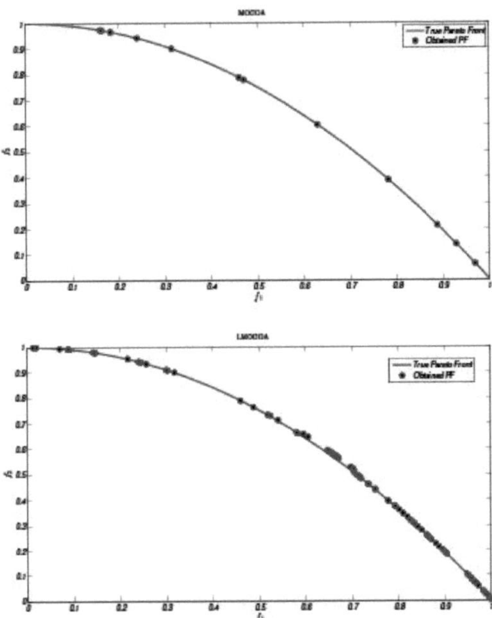

Figura 3.4: "Frentes de Pareto obtidas por LMOGOA e MOGOA em ZDT2" (No caso de ZDT2, que tem uma frente não convexa, LMOGOA mostra uma capacidade superior de seguir curvas não convexas, indicando uma melhor adaptação a variações complexas no espaço de solução).

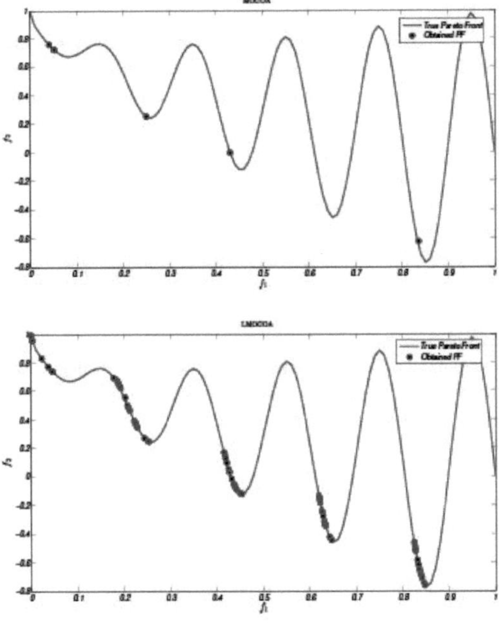

Figura 3.5: "Frentes de Pareto obtidas por LMOGOA e MOGOA em ZDT3" (Para ZDT3, que tem frentes desconexas, LMOGOA demonstra uma melhor capacidade de explorar e explorar várias regiões da frente de Pareto, assegurando uma exploração exaustiva e diversificada das soluções possíveis).

Para avaliar a eficácia do algoritmo multi-objetivo LMOGOA proposto, efectuámos uma série de comparações com algoritmos multi-objectivos de referência da literatura, incluindo o MOPSO (Multi-Objective Particle Swarm Optimization) [47] e o NSGA-II (Non-dominated Sorting Genetic Algorithm II) [34]. A métrica de desempenho utilizada para estas comparações é a Distância Geracional Invertida (IGD), que mede a qualidade e a diversidade da solução relativamente à frente de Pareto conhecida. A Tabela 3.4 mostra os resultados comparativos dos algoritmos LMOGOA, MOGOA, MOPSO e NSGA-II nas funções de teste ZDT1, ZDT2 e ZDT3. Os resultados para os algoritmos comparativos foram retirados de [19].

Tabela 3.4: Desempenho do LMOGOA, MOGOA, MOPSO E NSGA-II utilizando a métrica IGD no ZDT1,
Funções ZDT2 e ZDT3.

Algoritmo	IGD			
	Ave	Std	Melhor	Pior
ZDT1				
LMOGOA	0.0027	7.8894e-04	0.0019	0.0040
MOGOA	0.0166	0.0158	0.0019	0.0392
MOPSO	0.0042	0.0031	0.0015	0.0101
NSGA-II	0.0599	0.0054	0.0546	0.0702
ZDT2				
LMOGOA	0.0019	2.2956e-04	0.0016	0.0022
MOGOA	0.0268	0.0231	0.0017	0.0521
MOPSO	0.00156	1.74 e-04	0.0013	0.0017
NSGA-II	0.13972	0.026263	0.1148	0.1834
ZDT3				
LMOGOA	0.0249	9.62e-04	0.0233	0.0259
MOGOA	0.0291	0.0079	0.0244	0.0430
MOPSO	0.03782	0.006297	0.0308	0.0497
NSGA-II	0.04166	0.008073	0.0315	0.0557

Analisando a Tabela 3.4, é evidente que o algoritmo LMOGOA proposto tem um desempenho superior a todos os algoritmos comparativos para as funções de teste ZDT1 e ZDT3, ao mesmo tempo que apresenta resultados muito competitivos com o MOPSO para a função de teste ZDT2. Estes resultados mostram que o LMOGOA tem um elevado potencial para convergir para soluções óptimas de Pareto.

3.4.3 Resultados de problemas de teste com restrições

Nesta parte, examinamos o desempenho do LMOGOA em problemas de teste com restrições. Estes problemas de teste permitem-nos quantificar a capacidade do algoritmo para convergir e cobrir eficientemente o espaço de soluções possíveis. Comparamos o LMOGOA com o MOGOA usando um conjunto de funções de teste definidas abaixo:

CONSTR : O problema CONSTR foi concebido para avaliar a capacidade dos algoritmos para encontrar soluções óptimas numa frente de Pareto convexa. Envolve duas restrições e duas variáveis de projeto.

Minimizar

$$f_1(x) = x_1 \quad (3.16)$$

$$f_2(x) = \frac{1 + x_2}{x_1} \quad (3.17)$$

onde:

$$g_1(x) = 6 - (x_2 + 9x_1)$$
$$g_2(x) = 1 + x_2 - 9x_1 \quad (3.18)$$

Com:

$$0.1 \leq x_1 \leq 1; \quad 0 \leq x_2 \leq 5$$

TNK : O problema TNK é um problema difícil devido à sua frente de Pareto descontínua. É utilizado para testar a capacidade dos algoritmos para lidar com descontinuidades.
Minimizar

$$f_1(x) = x_1 \quad (3.19)$$

$$f_2(x) = x_2 \quad (3.20)$$

onde:

$$g_1(x) = -x_1^2 - x_2^2 + 1 + 0.1\cos\left(16\arctan\left(\frac{x_1}{x_2}\right)\right)$$
$$g_2(x) = 0.5 - (x_1 - 0.5)^2 \quad (3.21)$$

Com:

$$0.1 \leq x_1 \leq \pi; \quad 0 \leq x_2 \leq \pi$$

SRN: O terceiro problema, um problema de Pareto contínuo proposto por Srinivas e Deb, é um modelo de otimização de vários objectivos em simultâneo. Baseia-se numa função objetivo composta por um conjunto de funções objetivo individuais e um conjunto de restrições. As funções objetivo são integradas na função objetivo composta para obter uma solução óptima que maximize ou minimize os objectivos individuais. As restrições são aplicadas para limitar a solução a um determinado nível. O método produz uma solução óptima que minimiza ou maximiza as funções objetivo, respeitando as restrições.
Minimizar

$$f_1(x) = 2 + (x_1 - 2)^2 + (x_2 - 1)^2 \quad (3.22)$$

$$f_2(x) = 9x_1 - (x_1 - 2)^2 \quad (3.23)$$

Onde:

$$g_1(x) = x_1^2 + x_2^2 - 255$$
$$g_2(x) = x_1 - 3x_2 + 10 \quad (3.24)$$

Com:

$$-20 \leq x_1 \leq 20; -20 \leq x_2 \leq 20$$

BNH O problema BNH, proposto por Binh e Korn, é um problema de teste padrão utilizado para avaliar o desempenho de algoritmos de otimização multiobjectivo em problemas não convexos.
Minimizar:

$$f_1(x) = 4x_1^2 + 4x_2^2 \quad (3.25)$$

$$f_2(x) = (x_1 - 5)^2 + (x_2 + 5)^2 \quad (3.26)$$

Onde:

$$\begin{aligned} g_1(x) &= (x_1 - 5)^2 + x_2^2 - 25 \\ g_2 &= 7.7 - (x_1 + 8)^2 - (x_2 + 3)^2 \end{aligned} \quad (3.27)$$

Com:

$$0 \leq x_1 \leq 5; 0 \leq x_2 \leq 3$$

As Tabelas 3.5 a 3.8 apresentam os resultados das médias, desvios-padrão, melhores e piores valores para as métricas GD (Generational Distance), IGD e MS (Maximum Spread) obtidos pelos algoritmos LMOGOA e MOGOA nas funções de teste CONSTR, TNK, SRN e BNH, respetivamente, após 5 execuções independentes. O tempo médio de execução foi estimado em : τ_{CONSTR} = 30,*215*, τ_{TNK} = *175*, τ_{SRN} = 30,*705* e τ_{BNH} = 34,*575*.

A partir destes resultados, podemos ver que o LMOGOA apresenta os valores mais baixos para as métricas IGD e GD para os três primeiros problemas de teste considerados. Valores muito competitivos são obtidos para a função de teste BNH, demonstrando que o LMOGOA melhora a convergência. Para a métrica MS, o LMOGOA também apresentou bons resultados, indicando que é capaz de obter uma boa distribuição de soluções na frente de Pareto.

Para esclarecer melhor o desempenho superior do LMOGOA proposto em relação ao MOGOA, as suas melhores frentes de Pareto produzidas para as funções de teste CONSTR, TNK, SRN e BNH são apresentadas nas Figuras 3.6-3.9.

Tabela 3.5: Desempenho de LMOGOA e MOGOA na função de teste (CONSTR)

(CONSTR)	Algoritmo	Ave	Std	Melhor	Pior
GD	LMOGOA	4.2417e-04	1.1464e-04	2.6635e-04	5.6423e-04
	MOGOA	4.4385e-04	2.1795e-04	1.1932e-04	7.1393e-04
IGD	LMOGOA	6.1705e-04	5.1886e-04	5.1886e-04	7.6887e-04
	MOGOA	0.0012	1.5451e-04	9.7991e-04	0.0014
EM	LMOGOA	0.9869	0.0061	0.9799	0.9964
	MOGOA	0.9473	0.0145	0.9281	0.9666

Tabela 3.6: Desempenho do LMOGOA e do MOGOA na função de teste (TNK)

(TNK)	Algoritmo	Ave	Std	Melhor	Pior
GD	LMOGOA	1.5539e-04	3.4746e-04	0 00	7.7693e-04
	MOGOA	7.0268e-04	1.7868e-04	4.4572e-04	9.0856e-04
IGD	LMOGOA	0.0012	1.1075e-04	0.0010	0.0013
	MOGOA	0.0014	1.6317e-04	0.0012	0.0017
EM	LMOGOA	0.9457	0.0040	0.9404	0.9502
	MOGOA	0.9484	0.0241	0.9308	0.9901

Análise das frentes de Pareto:

Problema CONSTR (Figura 3.6): O problema CONSTR apresenta uma restrição linear simples, mas conseguir uma frente de Pareto bem distribuída continua a ser um desafio devido à necessidade de equilibrar os objectivos dentro de um espaço limitado. O LMOGOA mostra uma distribuição significativamente mais uniforme das soluções na frente de Pareto em comparação com o MOGOA. Esta distribuição melhorada reflecte a capacidade melhorada do LMOGOA para navegar eficientemente no espaço de soluções viáveis, conduzindo a uma melhor exploração e prospeção. A convergência para a verdadeira frente de Pareto é visivelmente mais apertada com o LMOGOA, indicando um desempenho superior na aproximação de soluções óptimas.

Problema TNK (Figura 3.7): O TNK é caracterizado por restrições não lineares e uma frente de Pareto desconectada. O LMOGOA aborda eficazmente estes desafios, capturando com precisão as diferentes regiões da frente de Pareto, garantindo uma cobertura abrangente. A capacidade de pesquisa robusta do algoritmo é evidente, uma vez que identifica várias regiões óptimas, enquanto o MOGOA se debate com lacunas na cobertura e uma convergência menos precisa. Isto demonstra a capacidade do LMOGOA para lidar com cenários complexos de restrições e manter a diversidade nas soluções.

Problema SRN (Figura 3.8): Para o problema SRN, que apresenta restrições e objectivos não lineares, o LMOGOA supera mais uma vez o MOGOA, alcançando uma frente de Pareto mais uniformemente distribuída e densamente povoada. A convergência para as verdadeiras soluções óptimas de Pareto é mais acentuada com

Tabela 3.7: Desempenho do LMOGOA e do MOGOA na função de teste (SNR)

(SRN)	Algoritmo	Ave	Std	Melhor	Pior
GD	LMOGOA	4.1427e-04	9.0096e-05	3.3133e-04	5.5674e-04
	MOGOA	3.7110e-04	5.8826e-05	2.6969e-04	4.1856e-04
IGD	LMOGOA	9.0627e-04	7.3643e-05	8.3356e-04	0.0010
	MOGOA	0.0015	1.4985e-04	0.0013	0.0017
EM	LMOGOA	1.0020	0.0097	0.9928	1.0177
	MOGOA	0.9987	0.0108	0.9862	1.0137

Tabela 3.8: Desempenho da LMOGOA e da MOGOA na função de teste (BNH)

(BNH)	Algoritmo	Ave	Std	Melhor	Pior
GD	LMOGOA	0.0022	4.4860e-04	0.0019	0.0030
	MOGOA	0.0018	7.2946e-04	0.0012	0.0030
IGD	LMOGOA	0.0017	3.3080e-04	0.0014	0.0022
	MOGOA	0.0015	5.8446e-04	8.9952e-04	0.0023
EM	LMOGOA	1.1105	0.0061	1.1022	1.1188
	MOGOA	1.0978	0.0264	1.0601	1.1208

LMOGOA, destacando a sua capacidade de aproximar com exatidão a curva de compromisso ideal. O algoritmo equilibra eficazmente a exploração e o aproveitamento, conduzindo a um processo de pesquisa mais eficaz em espaços de elevada dimensão.

Problema BNH (Figura 3.9): No problema BNH, que envolve restrições complexas e não lineares, o LMOGOA supera consistentemente o MOGOA, produzindo uma frente de Pareto mais uniforme e bem convergida. As soluções geradas pelo LMOGOA cobrem uma gama mais ampla do espaço objetivo, demonstrando a sua capacidade de explorar diversos conjuntos de soluções. Esta capacidade garante que os decisores têm um conjunto abrangente de soluções óptimas para escolher, reflectindo a aplicabilidade prática do LMOGOA em cenários do mundo real.

Desempenho geral:

A partir destas figuras, é evidente que o LMOGOA produz uma frente de Pareto mais uniformemente distribuída (maior cobertura) e uma melhor convergência do que o MOGOA para os problemas de otimização considerados. O desempenho melhorado do LMOGOA pode ser atribuído ao seu mecanismo superior de equilíbrio entre exploração e aproveitamento, permitindo-lhe navegar eficientemente no espaço de pesquisa e ultrapassar as limitações presentes no MOGOA. Isto resulta em métricas de diversidade e convergência melhoradas, posicionando o LMOGOA como um algoritmo robusto e fiável para resolver problemas complexos de otimização multi-objetivo.

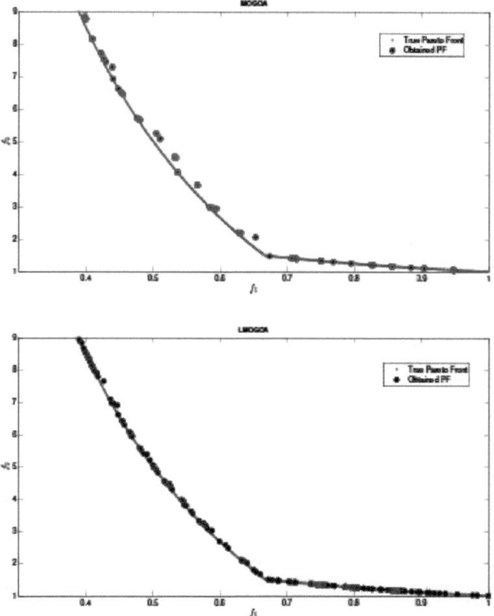

Figura 3.6: Frente de Pareto obtida por LMOGOA e MOGOA no problema CONSTR (no problema CONSTR, LMOGOA mostra um desempenho superior em termos de gestão de restrições, mostrando uma distância geracional menor em comparação com MOGOA. Isto indica uma maior precisão na abordagem das soluções óptimas, com uma melhor gestão das restrições e dos trade-offs).

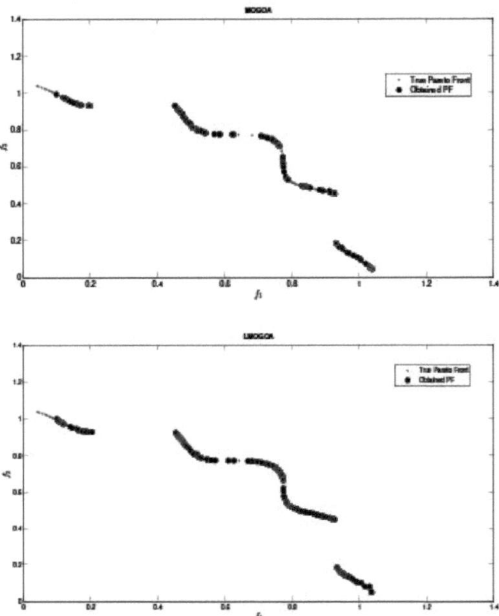

Figura 3.7: Frente de Pareto obtida pelo LMOGOA e MOGOA no TNK. (No problema TNK, que se caracteriza por restrições não lineares e uma frente de Pareto descontínua, o algoritmo LMOGOA mostra um desempenho notável na identificação eficiente das regiões descontínuas da frente. O LMOGOA consegue explorar tanto as áreas ligadas como as áreas desligadas, garantindo uma cobertura exaustiva da frente de Pareto. Este facto demonstra a sua capacidade para lidar com restrições complexas e fornecer uma diversidade de soluções, mesmo em cenários de pesquisa difíceis. O algoritmo supera os outros em termos de medição da diversidade e convergência, o que o torna particularmente adequado para problemas que requerem uma exploração aprofundada das soluções possíveis).

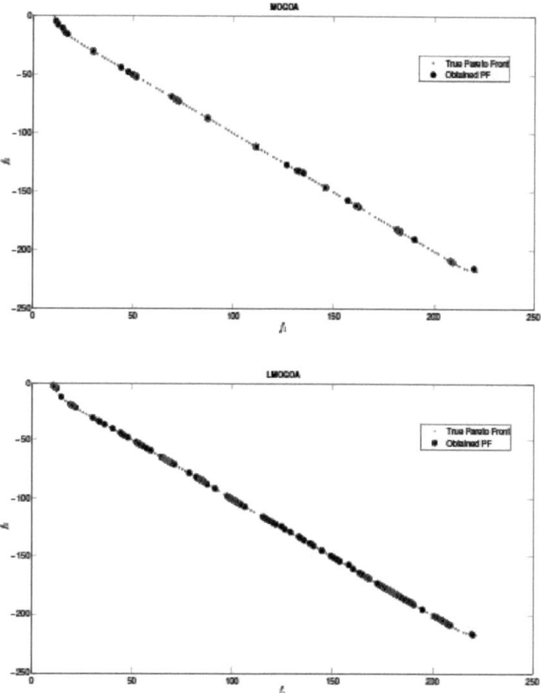

Figura 3.8: Frente de Pareto obtida por LMOGOA e MOGOA no SRN. (Para o problema SRN, o LMOGOA demonstra uma excelente capacidade de manter uma elevada diversidade entre as soluções, medida pela extensão máxima. Isto reflecte uma melhor exploração do espaço de pesquisa, garantindo que o algoritmo pode fornecer uma variedade de soluções óptimas que estão bem distribuídas ao longo da frente de Pareto).

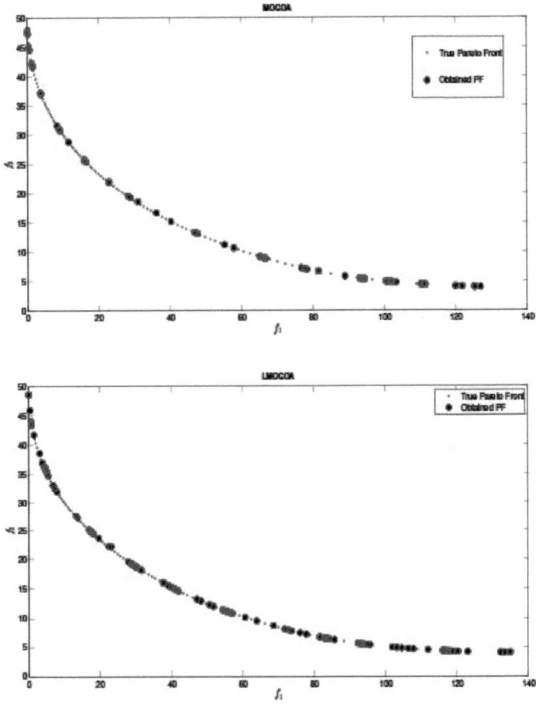

Figura 3.9: Frente de Pareto obtida por LMOGOA e MOGOA no BNH. (Para o problema BNH, a LMOGOA converge mais rapidamente para soluções óptimas do que a MOGOA, indicando a sua eficiência em termos de tempo de computação. Isto mostra que o LMOGOA é adequado para situações críticas em termos de tempo, fornecendo soluções óptimas de forma rápida e eficiente).

A Tabela 3.9 apresenta os resultados comparativos obtidos pelo LMOGOA e por dois algoritmos multi-objetivo bem conhecidos da literatura, como o MOPSO [47] e o NSGA-II [34], para os problemas de teste com restrições CONSTR, TNK, SRN e BNH. Note-se que os resultados do MOPSO e do NSGA-II foram retirados de [48].

Tabela 3.9: Desempenho do LMOGOA, MOGOA, MOPSO E NSGA-II utilizando o GD, MS e IGD métricas nas funções CONSTR, TNK, SRN e BNH.

Algoritmo	GD		EM		IGD	
	Ave	Std	Ave	Std	Ave	Std
CONSTR						
LMOGOA	4.2417e-04	1.1464e-04	0.9869	0.0061	6.1705e-04	5.1886e-04
MOGOA	4.4385e-04	2.1795e-04	0.9473	0.0145	0.0012	1.5451e-04
MOPSO	4.5437e-03	6.8558e-04	0.94312	3.6719e-01	NA	NA
NSGA-II	5.1349e-03	2.4753e-04	0.54863	2.7171e-02	NA	NA
TNK						
LMOGOA	1.5539e-04	3.4746e-04	0.9457	0.0040	0.0012	1.1075e-04
MOGOA	7.0268e-04	1.7868e-04	0.9484	0.0241	0.0014	1.6317e-04
MOPSO	5.0877e-03	4.5564e-04	0.79363	5.1029e-02	NA	NA

NSGA-II	4.0488e-03	4.3465e-04	0.82286	2.8678e-04	NA	NA
SRN						
LMOGOA	4.1427e-04	9.0096e-05	1.0020	0.0097	9.0627e-04	7.3643e-05
MOGOA	3.7110e-04	5.8826e-05	0.9987	0.0108	0.0015	1.4985e-04
MOPSO	2.7623e-03	2.0794e-04	0.6655	7.2196e-02	NA	NA
NSGA-II	3.7069e-03	5.1034e-04	0.3869	2.5115e-02	NA	NA
BNH						
LMOGOA	0.0022	4.4860e-04	1.1105	0.0061	0.0017	3.3080e-04
MOGOA	0.0018	7.2946e-04	1.0978	0.0264	0.0015	5.8446e-04
MOPSO	NA	NA	NA	NA	NA	NA
NSGA-II	NA	NA	NA	NA	NA	NA

A Tabela 3.9 mostra que o algoritmo LMOGOA proposto supera os dois algoritmos comparativos MOPSO e NSGA-II em todas as funções de teste CONSTR, TNK, SRN e BNH em termos de métricas de desempenho. Mais uma vez, os resultados do algoritmo LMOGOA validam o seu potencial para convergir melhor para soluções óptimas de Pareto verdadeiras e superar o desempenho do MOPSO e do NSGA-II.

3.5 Conclusão

Este capítulo apresenta uma versão melhorada do Algoritmo de Otimização Multi-Objetivo do Gafanhoto inspirado na natureza (MOGOA). O objetivo deste aperfeiçoamento é melhorar a cobertura e a convergência do algoritmo MOGOA tradicional. Para avaliar o desempenho da abordagem proposta, foram resolvidos três problemas de teste sem restrições e quatro problemas de teste com restrições, normalmente utilizados na literatura. O algoritmo LMOGOA destaca-se em particular pela sua velocidade de convergência para a verdadeira frente óptima de Pareto, mantendo uma boa diversidade. Para além das vantagens acima mencionadas, a utilização da estratégia de voo de Levy no algoritmo LMOGOA oferece vários benefícios adicionais. Em primeiro lugar, o voo de Levy permite que os agentes de pesquisa se movimentem de uma forma mais exploratória, o que incentiva a descoberta de novas soluções que são potencialmente pouco intuitivas ou difíceis de alcançar utilizando outros métodos de otimização. Além disso, a natureza estocástica do voo de Levy acrescenta um grau de diversidade às trajectórias de pesquisa do gafanhoto, o que evita problemas de cerco ou estagnação em áreas locais sub-óptimas. Ao incorporar esta estratégia no LMOGOA, o algoritmo é capaz de explorar um espaço de pesquisa maior e encontrar um conjunto mais diversificado de soluções de Pareto, dando aos decisores uma escolha mais alargada e equilibrada.

Outra vantagem do LMOGOA é a sua capacidade de tratar eficazmente problemas complexos com múltiplos objectivos. Encontrar soluções óptimas para vários objectivos conflituosos é um grande desafio, uma vez que muitas vezes não existe uma solução única que satisfaça plenamente todos os critérios. No entanto, ao utilizar mecanismos como a dominância de Pareto e técnicas de evolução diferencial, o LMOGOA é capaz de gerar um conjunto de soluções diversas e competitivas, oferecendo ao decisor uma gama de compromissos a considerar. Finalmente, o algoritmo LMOGOA foi cuidadosamente avaliado e comparado com outros algoritmos de otimização multi-objetivo bem estabelecidos. Os resultados experimentais revelaram um forte desempenho do LMOGOA, demonstrando a sua superioridade em termos da qualidade das soluções encontradas e da velocidade de convergência. Isto sublinha a eficácia da estratégia de voo de Levy na resolução de problemas multi-objetivo e confirma o sólido desempenho do algoritmo LMOGOA na resolução de problemas complexos, tornando-o uma ferramenta valiosa para investigadores e profissionais que procuram otimizar sistemas reais sujeitos a múltiplas restrições e objectivos.

CAPÍTULO 4

4. Sistemas fotovoltaicos: Estimação avançada de parâmetros com o algoritmo Levy Flight Salp Swarm Algorithm

4.1 Introdução

A energia solar, enquanto fonte de energia renovável, tem registado uma expansão significativa devido à sua capacidade de oferecer uma alternativa sustentável face ao esgotamento dos combustíveis fósseis e às crescentes preocupações ambientais. Os benefícios da energia solar incluem não só uma redução dos custos associados aos combustíveis fósseis, mas também uma contribuição substancial para a redução das emissões de gases com efeito de estufa, tornando-a uma solução de eleição no contexto das alterações climáticas. Os sistemas fotovoltaicos (PV) estão no centro desta transição energética, convertendo a luz solar em eletricidade com uma eficiência que depende muito dos parâmetros das células e módulos fotovoltaicos. Para maximizar a eficiência destes sistemas, é essencial desenvolver modelos matemáticos precisos que simulem corretamente o seu comportamento. As curvas caraterísticas corrente-tensão (I-V) das células fotovoltaicas, que descrevem a relação entre a corrente produzida e a tensão aplicada, desempenham um papel crucial na avaliação destes modelos. Os modelos eléctricos de díodo simples (SD) e de díodo duplo (DD) são normalmente utilizados para representar estas curvas, permitindo uma simulação detalhada do desempenho dos dispositivos fotovoltaicos.

Os métodos metaheurísticos são cada vez mais utilizados para estimar os parâmetros destes modelos, devido à sua capacidade de explorar eficazmente o espaço de soluções e evitar óptimos locais. Estes métodos incluem a otimização por enxame de partículas (PSO), a pesquisa harmónica (HS) [17], o algoritmo genético (GA), o recozimento simulado (SA) [49] e a evolução diferencial com otimização baseada na biogeografia (DE/BBO) [50]. Cada uma destas técnicas utiliza mecanismos inspirados em processos naturais ou biológicos para resolver problemas de otimização complexos.

Neste capítulo, ilustramos uma abordagem baseada no algoritmo de otimização por enxame de salpas (SSA), inspirado no comportamento de enxameação das salpas [51]. Embora o SSA se tenha revelado eficaz em vários contextos, sofre de limitações como a convergência lenta e a tendência para se fixar em óptimos locais. Para ultrapassar estas deficiências, introduzimos uma variante melhorada, o algoritmo de enxame de salpas de voo de Levy (LSSA). Esta abordagem integra a técnica de voo de Levy para otimizar a pesquisa global e local no espaço de solução. O LSSA foi concebido para estimar os parâmetros das células e módulos fotovoltaicos com maior precisão. Ao combinar as vantagens do algoritmo SSA com as propriedades de exploração de trajectórias de Levy, o LSSA permite uma exploração mais completa e uma exploração mais eficiente das soluções potenciais. Esta abordagem visa melhorar o desempenho dos sistemas fotovoltaicos, fornecendo estimativas mais precisas dos parâmetros, o que é essencial para otimizar o seu funcionamento.

O algoritmo Levy Flight Salp Swarm Algorithm (LSSA) representa um avanço significativo no domínio da otimização de sistemas fotovoltaicos. Ao fornecer estimativas fiáveis e precisas dos parâmetros das células e módulos fotovoltaicos, o LSSA contribui para melhorar o desempenho e a eficiência dos sistemas fotovoltaicos, apoiando a transição para fontes de energia mais limpas e sustentáveis.

4.2 Algoritmo de enxame de salpicos de voo de Levy (LSSA)

Embora o algoritmo SSA seja considerado uma das técnicas de otimização com melhor desempenho, continua a ter algumas limitações, em particular uma velocidade de convergência lenta e uma tendência para estagnar em óptimos locais. Para remediar estes problemas e melhorar a velocidade de exploração e convergência do algoritmo SSA original, introduzimos a trajetória Levy Flight. O algoritmo Levy Salp Swarm Algorithm (LSSA) foi desenvolvido para tirar partido da diversificação oferecida pela trajetória Levy, mantendo a capacidade de exploração do algoritmo SSA. O algoritmo LSSA tem duas fases principais: exploração e aproveitamento. A fase de exploração baseia-se nos voos de Levy, que são trajectórias aleatórias geradas de acordo com a distribuição de Levy. Esta distribuição caracteriza-se por numerosos pequenos passos, mas também por alguns grandes saltos. Os voos de Levy permitem explorar mais amplamente o espaço de pesquisa e evitar ficar preso em óptimos locais. Assim, durante a fase de exploração, os agentes de pesquisa do enxame efectuam movimentos baseados nos voos de Levy para cobrir eficazmente diferentes regiões do espaço de pesquisa.

A fase de exploração é baseada no algoritmo SSA. Esta fase consiste numa pesquisa local mais refinada, com o objetivo de aperfeiçoar as soluções obtidas durante a fase de exploração. Os agentes de pesquisa efectuam movimentos guiados pelas regras do algoritmo SSA, o que lhes permite localizar e convergir para os óptimos locais. A integração da trajetória Levy Flight no algoritmo SSA oferece assim um melhor equilíbrio entre a exploração e o aproveitamento. Os Voos de Levy encorajam a exploração de regiões menos exploradas do espaço de pesquisa, enquanto o algoritmo SSA permite que o conhecimento adquirido durante a fase de exploração seja explorado para identificar a melhor solução.

A trajetória de voo de Levy provou ser altamente eficaz para tarefas de otimização e pesquisa, razão pela qual foi integrada no algoritmo LSSA. Ao combinar os pontos fortes exploratórios dos

Levy Flights com as capacidades de exploração do algoritmo SSA, o LSSA alcança um desempenho global de otimização superior. Esta abordagem atinge um melhor equilíbrio, aumentando a probabilidade de descobrir soluções mais óptimas enquanto minimiza o risco de ficar preso em óptimos locais.

Como parte do algoritmo LSSA, a trajetória do voo de Levy é utilizada para atualizar as posições do enxame de salpicos. A atualização é definida pela seguinte equação:

$$\vec{A}(t+1) = \vec{A}(t) + \mu \, \text{sing}\left(\text{rand} - \frac{1}{2}\right) \oplus \text{Levy} \quad (4.1)$$

Onde $\vec{A}(t)$ é o vetor de localização de A na iteração t, μ é o número aleatório uniforme, $\oplus$ é uma multiplicação do produto de entrada, rand é um número aleatório no intervalo [0 1]. Note-se que existem apenas três valores para $sing(rand - \frac{1}{2})$: 1, 0 e -1.

O passeio aleatório definido pela equação (4.1) permite que os agentes de pesquisa do algoritmo SSA básico evitem as armadilhas dos mínimos locais. Esta estratégia é crucial para garantir uma exploração exaustiva e equilibrada do espaço de pesquisa, uma vez que introduz comprimentos de passo variáveis que são frequentemente muito mais longos do que os de um voo browniano clássico.

A distribuição de Levy Flight, inspirada no comportamento de certos animais e processos naturais, favorece saltos mais frequentes e mais longos, o que melhora a capacidade do algoritmo para cobrir grandes espaços de pesquisa. A distribuição de Levy Flight é geralmente simplificada da seguinte forma:

$$\text{Levy}(s) \sim s^{-1-\omega}, (0 < \omega \leq 2) \quad (4.2)$$

Levy

A lei de Mantegna [52, 24] é utilizada para simular a distribuição de Levy, gerando comprimentos de passos aleatórios s definidos da seguinte forma:

$$S = \frac{\varphi \cdot u}{|v|^{1/\omega}} \quad (4.3)$$

em que u, v têm uma distribuição normal:

$$u \sim N\left(0, \sigma_u^2\right), v \sim N\left(0, \sigma_v^2\right) \quad (4.4)$$

$$\varphi = \left\{ \frac{\Gamma(1+\omega)\sin\left(\frac{\pi\omega}{2}\right)}{r\left[\frac{1+\omega}{2}\right]\omega 2^{\frac{\omega-1}{2}}} \right\}^{\frac{1}{\omega}} \quad (4.5)$$

$$\sigma_u = 1 \quad (4.6)$$

em que Γ é uma função gama padrão e ω é considerado como sendo 1,5.

4.3 Descrição e modelação de células solares e módulos fotovoltaicos

Para simular as caraterísticas corrente-tensão de células solares e módulos fotovoltaicos, são apresentados vários modelos na literatura. Em aplicações práticas, os modelos de díodo simples (SD), díodo duplo (DD) e módulo FV são os mais frequentemente utilizados. As descrições destes modelos e as funções objetivo correspondentes são apresentadas a seguir:

4.3.1 Modelo de díodo único (SD)

A Figura 4.1 ilustra o modelo de circuito SDM [53]. Uma fonte de corrente foto-gerada (I_{ph}) em paralelo com um díodo retificador, uma resistência em série (R_S) e uma resistência em paralelo (R_{sh}) são os elementos básicos deste circuito. A corrente de desempenho (I_t) pode ser determinada utilizando a lei da corrente de Kirchhoff: (I_t) pode ser calculada por:

$$I_t = I_{ph} - I_{sh} - I_d \quad (4.7)$$

em que I_{sh} é a corrente da resistência de derivação e I_d representa a corrente do díodo obtida pela equação do díodo de Shockley:

$$I_d = I_{sd}\left[\exp\left(\frac{q(V_T + R_S \cdot I_T)}{n \cdot k \cdot T}\right) - 1\right] \quad (4.8)$$

em que I_{sd} é a corrente de saturação inversa do díodo, Vt é a tensão de saída, n é o fator de idealidade do díodo, q é a carga eletrónica $q = 1{,}602e^{-19}$ coulombs, T é a temperatura da célula em Kelvin e k é a constante de Boltzmann $k = 1{,}381e^{-23}$ J/K. *A equação (2.1) pode ser rearranjada da seguinte forma*

$$I_t = I_{ph} - I_{sd}\left[\exp\left(\frac{q(V_t + R_S \cdot I_t)}{n \cdot k \cdot T}\right) - 1\right] - \frac{v_t + I_t \cdot R_S}{R_{sh}} \quad (4.9)$$

De acordo com a Equação 2.3, devem ser identificados cinco parâmetros desconhecidos R_s, R_{sh}, I_{ph}, I_{sd} e n.

4.3.2 Modelo de Díodo Duplo (DD)

À semelhança do modelo SD, o modelo de díodo duplo tem os mesmos constituintes, com a precisão de ter dois díodos juntamente com a base de corrente e uma resistência de derivação para derivar a base de corrente fotogerada. A Figura 4.2 mostra o circuito equivalente para o modelo de díodo duplo. A relação corrente-tensão do modelo de célula fotovoltaica é a seguinte: onde

$$I_t = I_{ph} - I_{sd1}\left[\exp\left(\frac{q(V_t + R_s \cdot I_t)}{n_1 \cdot k \cdot T}\right) - 1\right] - I_{sd2}\left[\exp\left(\frac{q(V_t + R_s \cdot I_t)}{n_2 \cdot k \cdot T}\right) - 1\right] - \frac{V_t + I_t \cdot R_s}{R_{sh}} \quad (4.10)$$

- V_t *: a tensão terminal.*
- R_s *: resistência em série.*

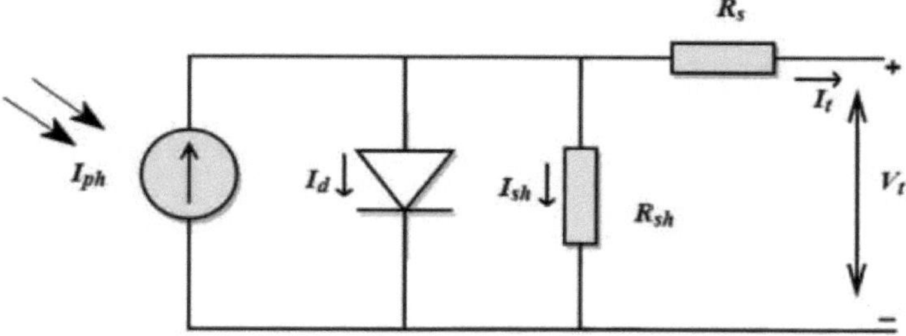

Figura 4.1: Modelo de díodo único da célula solar.

- R_{sh} : a resistência de derivação.
- n1,$n2$: os factores ideais do díodo.
- I_{sd1} a corrente de difusão.
- I_{sd2} : a corrente de saturação.

Consequentemente, a identificação dos sete parâmetros desconhecidos Rs, R_{sh}, I_{ph}, I_{sd1}, I_{sd2}, $n1$ e $n2$ na equação (4.1) melhora o desempenho ótimo da célula solar.

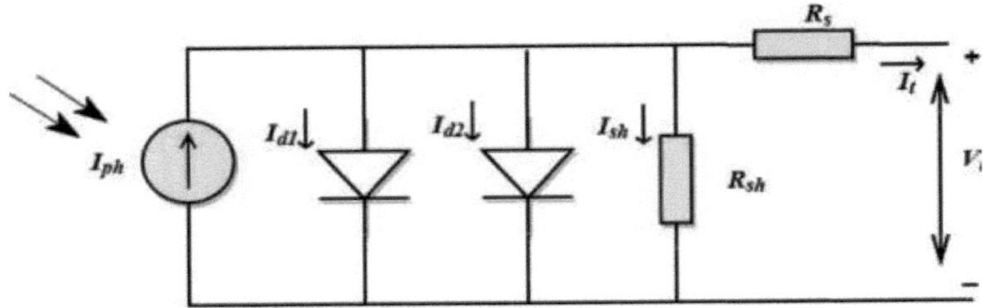

Figura 4.2: Modelo de díodo duplo de célula solar

4.3.3 Modelo de módulo fotovoltaico

Na prática, o módulo FV é geralmente utilizado para fornecer um nível elevado de tensão e/ou corrente de saída [54]. O módulo fotovoltaico é tipicamente constituído por muitas células fotovoltaicas interligadas como se mostra na Figura 4.3, em paralelo e/ou em série. A corrente de saída do modelo do módulo FV pode ser definida da seguinte forma:

$$I_t = I_{ph} \cdot N_p - I_{sd} \cdot N_p \left[\exp\left(\frac{q(V_t + I_t \cdot R_S \cdot N_s/N_p)}{n \cdot k \cdot T \cdot N_s} \right) - 1 \right] - \frac{V_t + I_t \cdot R_S \cdot N_s/N_p}{R_{sh} \cdot N_s/N_p} \tag{4.11}$$

onde Np é o número de células solares em paralelo e Ns é o número de células solares ligadas em série. Na equação (4.2), os parâmetros desconhecidos do modelo do módulo FV são os mesmos que os do modelo SD, nomeadamente Rs , Rsh , Iph , Isd e n.

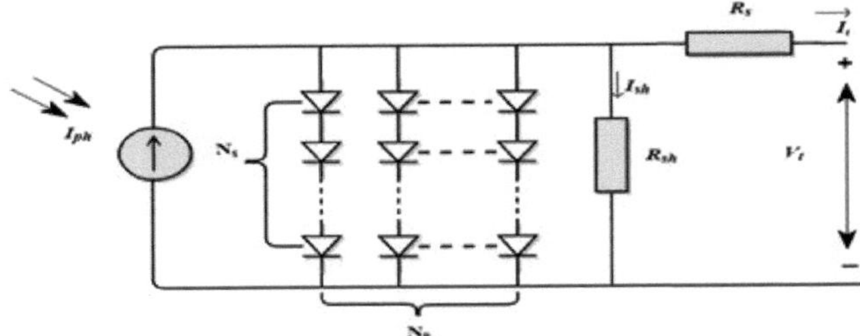

Figura 4.3: O circuito equivalente do módulo fotovoltaico

4.4 Função objetivo

Para estimar com precisão os parâmetros desconhecidos de SD, DD e dos módulos FV, é necessário um modelo matemático que visa minimizar a diferença entre os dados reais da célula FV da corrente experimental versus tensão (I-V) e os dados I-V estimados por técnicas de otimização [55]. Por conseguinte, para refletir a precisão, a raiz do erro quadrático médio (RMSE) pode ser utilizada como uma medida de desempenho; qualquer redução no valor do RMSE é valiosa e importante, conduzindo a um melhor conhecimento dos valores reais dos parâmetros [56, 57]. Assim, a função objetivo considerada neste problema é a minimização do RMSE :

$$F_{RMSE}(x) = \sqrt{\frac{1}{N} \sum_{i=1}^{N} (f_i(I_t, V_t, x))^2} \tag{4.12}$$

em que N é o número de dados experimentais. Com base na equação (2.3), o erro fi do modelo de díodo único é formulado da seguinte forma

$$f_i(I_t, V_t, x) = I_{ph} - I_{sd} \left[\exp\left(\frac{q(V_t + R_S \cdot I_t)}{n \cdot k \cdot T} \right) - 1 \right] - \frac{V_t + I_t \cdot R_S}{R_{sh}} - I_t \tag{4.13}$$

onde x indica os melhores valores dos cinco parâmetros Rs , R_{sh} , I_{ph} , I_d , n, obtidos através da estimativa dos valores de corrente com o menor erro. De acordo com a equação (4.1), o erro fi do modelo de díodo duplo pode ser expresso da seguinte forma:

$$f_i(I_t,V_t,x) = I_{ph} - I_{sd1}\left[\exp\left(\frac{q(V_t+R_s\cdot I_t)}{n_1\cdot k\cdot T}\right)-1\right] - I_{sd2}\left[\exp\left(\frac{q(V_t+R_s\cdot I_t)}{n_2\cdot k\cdot T}\right)-1\right] - \frac{V_t+I_t\cdot R_s}{R_{sh}} - I_t \quad (4.14)$$

em que x representa os valores óptimos dos sete parâmetros desconhecidos $R_s, R_{sh}, I_{ph}, I_{sd1}, I_{sd2}, n_1, n_2$, obtidos através da estimativa dos valores actuais com o menor erro. De acordo com a equação (4.2), o erro fi do modelo do módulo FV é formulado da seguinte forma:

$$f_i(I_t,V_t,x) = I_{ph}\cdot N_p - I_{sd}\cdot N_p\left[\exp\left(\frac{q(V_t+I_t\cdot R_S\cdot N_s/N_p)}{n\cdot k\cdot T\cdot N_s}\right)-1\right] - \frac{V_t+I_t\cdot R_S\cdot N_s/N_p}{R_{sh}\cdot N_s/N_p} - I_t \quad (4.15)$$

em que x indica os valores óptimos dos cinco parâmetros desconhecidos, os mesmos que para o modelo de um único díodo, $R_S, R_{sh}, I_{ph}, I_{sd}, n$ obtidos através da estimativa dos valores de corrente com o menor erro possível.

4.5 Resultados e análise

Nesta secção, avaliamos o desempenho e a eficácia da LSSA proposta para identificar os parâmetros de diferentes modelos fotovoltaicos, tais como SD, DD e módulo FV. Para estes estudos de caso, utilizámos um conjunto de dados de uma célula solar de silício comercial R.T.C. France com um diâmetro de *57mm* a funcionar a uma temperatura de 33^C sob uma irradiação de 1000 *W/m2,* e um módulo solar Photowatt-PWP201 composto por 36 células de silício policristalino em sequência a funcionar a uma temperatura de 45^C sob uma irradiação de 1000 W/m^2 [55].

Além disso, a eficiência da LSSA proposta foi testada num conjunto de medições de um modelo de um único díodo do PV Sharp ND-R250A5 em vários níveis de irradiação e temperatura (223 W/m^2 a 41^{circ} C; 437 W/m^2 a 52° C; 646 W/m^2 a 61° C; 836 W/m^2 a 61° C; 1040 W/m^2 a 59° C) [55, 57].

A Tabela 4.1 mostra os limites dos parâmetros para os modelos SD, DD e módulo FV. Estes limites foram estabelecidos com base numa série de tecnologias FV, incluindo a célula FV R.T.C. France, o módulo Photowatt-PWP201 e o módulo FV Sharp ND-R250A5.

Tabela 4.1: Limites dos parâmetros para os modelos SD, DD e módulo FV.

Parâmetros	Modelos SD e DD		módulo solar	
	LB	UB	LB	UB
$Iph(A)$	0.00	1.00	0.00	2.00
I_{sd} $sd1^{,I,I}$ sd2 $^{(A)}$	0.00	1.00	0.00	50.00
Rs (O)	0.00	0.50	0.00	2.00
Rsh (O)	0.00	100.00	0.00	5000
n, $n1$, n2	1.00	2.00	1.00	50.00

4.5.1 Comparação dos resultados do algoritmo LSSA com o algoritmo SSA

O Algoritmo de Enxame de Salp baseado em Levy (LSSA) é uma melhoria do Algoritmo de Enxame de Salp original (SSA) concebido para otimizar os processos de pesquisa e exploração em espaços de solução complexos. É efectuada uma comparação detalhada para validar o aumento da eficiência do LSSA em relação ao SSA, centrando-se na estimativa de parâmetros de modelos de díodos simples (SD), díodos duplos (DD) e módulos fotovoltaicos (PV). O principal objetivo é demonstrar a maior precisão e estabilidade da estimativa de parâmetros utilizando a LSSA. Ambos os algoritmos, LSSA e SSA, foram implementados no MATLAB R2014a. Para garantir uma comparação justa, os algoritmos foram avaliados em condições idênticas: um máximo de 50 000 iterações, uma população de 100 indivíduos e cada algoritmo foi executado em 10 ensaios separados para obter resultados estatísticos fiáveis.

Caso 1: Célula fotovoltaica R.T.C. France com modelo de díodo simples e duplo

A Tabela 4.2 apresenta os resultados da comparação dos parâmetros estimados, da média, do desvio padrão (STD) e da função objetivo RMSE obtidos por LSSA e SSA para os modelos SD e DD. Observa-se na Tabela 4.2 que a LSSA tem os valores RMSE mais baixos de $9{,}8730e^{-4}$ e $9{,}8689e^{-4}$ para os modelos SD e DD, respetivamente, o que indica a superioridade do desempenho da LSSA proposta em comparação com a SSA padrão. Além disso, os valores STD mais baixos, $1{,}7953e^{-4}$ e $2{,}8329e^{-4}$, são obtidos pela LSSA para os modelos SD e DD, respetivamente, o que prova a estabilidade do algoritmo LSSA.

Quadro 4.2: Resultados da comparação entre os modelos SD e DD

Parâmetros SD	LSSA	SSA
Iph(*A*)	0.760787	0.762411
Isd(*A*)	3.14625e-7	3.61523e-7
n	1.47854	1.49306
Rs (ft)	0.0364813	0.0355304
Rsh (ft)	53.0145	39.1146
RMSE	9.8730e-4	1.5946e-3
Média	0.0011	0.0023
DST	1.7953e-4	7.2189e-4
Parâmetros DD		
Iph(*A*)	0.760814	0.760065
Isd1(*A*)	1.31163e-7	2.17105e-7
I_{sd2} (*A*)	3.28434e-7	5.38206e-7
n1	1.42248	1.4545
n2	1.6319	1.79413
Rs(ft)	0.0367053	0.0361121
Rsh(ft)	53.96	75.5789
RMSE	9.8689e -4	1.1375e-3
Média	0.0012	0.0019
DST	2.8329e-4	6.6731e-4

A evolução da função objetivo dos dois algoritmos comparativos ao longo do processo iterativo é apresentada na Figura 4.4. A figura mostra claramente que o RMSE obtido pelo Algoritmo de Enxame de Levy Salp Melhorado (LSSA) converge a uma taxa significativamente mais rápida do que o outro algoritmo, particularmente nas fases iniciais do processo. Esta convergência acelerada indica a capacidade robusta do LSSA para equilibrar eficazmente a exploração e o aproveitamento, permitindo-lhe identificar rapidamente e aproximar-se de soluções óptimas para estimar os parâmetros dos modelos de Díodo Único (SD) e Díodo Duplo (DD) da célula FV. À medida que as iterações progridem, a LSSA mantém consistentemente uma trajetória de RMSE mais baixa, sugerindo a sua capacidade superior para navegar em espaços de pesquisa complexos e multidimensionais e evitar a convergência prematura para soluções subóptimas. Esta vantagem de desempenho sublinha a eficácia da LSSA no tratamento das caraterísticas não lineares dos modelos de células fotovoltaicas, levando a uma estimativa mais precisa dos parâmetros e a uma maior fidelidade do modelo, o que é crucial para otimizar a eficiência e o desempenho dos sistemas fotovoltaicos.

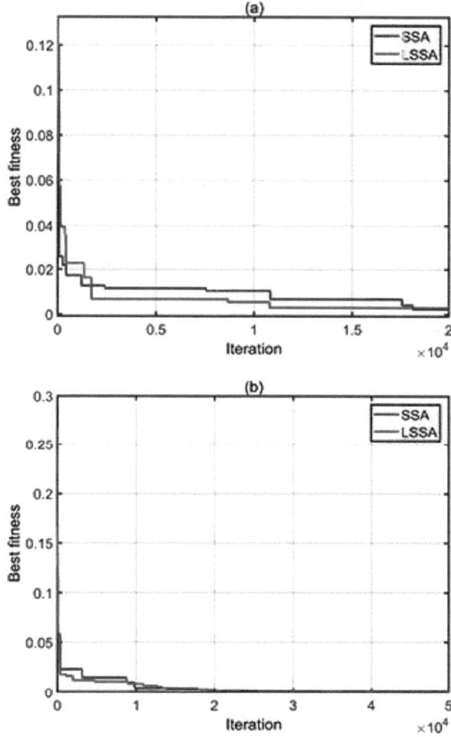

Figura 4.4: Evolução do RMSE de LSSA e SSA para (a) modelo de díodo simples (b) modelo de díodo duplo.

Além disso, a Figura 4.5 mostra as curvas caraterísticas de corrente versus tensão (I-V) e potência versus tensão (P-V) reconstruídas utilizando os parâmetros estimados obtidos pelo algoritmo LSSA para os modelos SD e DD. As curvas da Figura 4.5 ilustram claramente a elevada exatidão entre os dados estimados e os dados experimentais em toda a gama de tensões, o que demonstra que as soluções obtidas pelo LSSA podem representar com precisão as caraterísticas da célula fotovoltaica real.

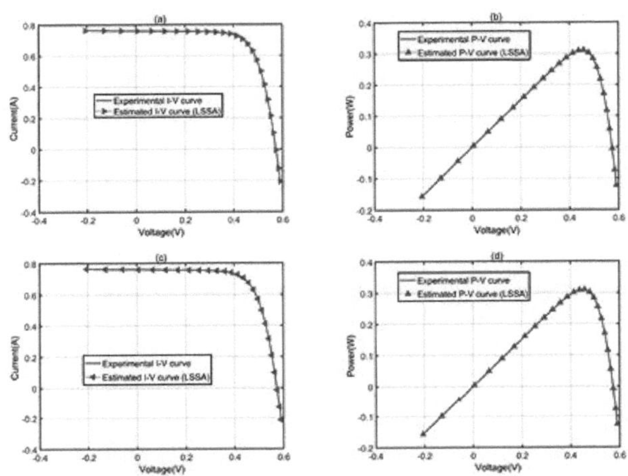

Figura 4.5: As caraterísticas de I-V e P-V obtidas por LSSA para (a), (b) modelo SD e (c), (d) modelo DD.

Caso 2: Modelo de módulo fotovoltaico Photowatt-PWP201

Os resultados da comparação dos parâmetros estimados, da média, do desvio padrão (STD) e da função objetivo RMSE obtidos por LSSA e SSA para o modelo do módulo fotovoltaico Photowatt-PWP201 são apresentados na Tabela 4.3. A partir desta tabela, observa-se que a LSSA apresenta os valores mais baixos de RMSE e STD, com 2,4251 e^{-3} e 4,4641 e^{-05} , respetivamente. Mais uma vez, estes resultados provam a superioridade do desempenho e a estabilidade da LSSA proposta em comparação com a SSA padrão.

Além disso, as evoluções correspondentes da função objetivo dos algoritmos LSSA e SSA ao longo do processo iterativo estão representadas na Figura 4.6. Esta figura mostra que a função objetivo RMSE obtida pelo LSSA tem uma velocidade de convergência mais elevada na estimativa dos parâmetros do modelo do módulo FV.

Tabela 4.3: Resultados da comparação para o modelo do módulo FV.

Parameters	LSSA	SSA
$I_{ph}(A)$	1.030428	1.0273386
$I_{sd}(A)$	3.538974e-6	4.48344e-6
n	1.352914	1.3783718
$R_s(\Omega)$	1.199637	1.1788746
$R_{sh}(\Omega)$	996.19	1907.3749
Mean	0.0025	0.0043
RMSE	2.4251e-3	2.5774e-3
Std	4.4641e-5	0.0020

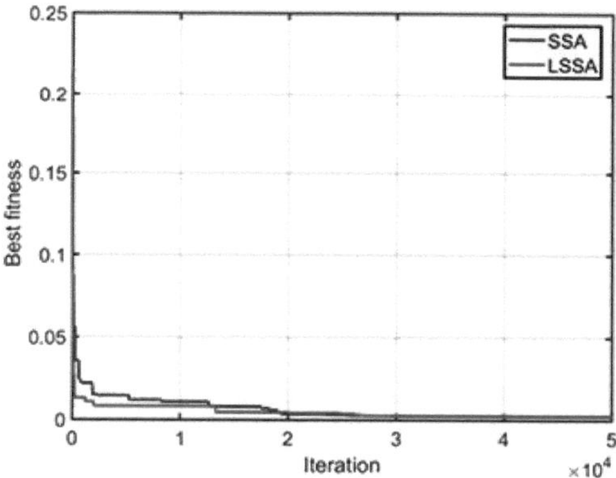

Figura 4.6: Evolução do RMSE de LSSA e SSA para o modelo de módulo fotovoltaico

A Figura 4.7 regista as caraterísticas I-V e P-V dos dados experimentais e dos dados simulados obtidos pela LSSA para o modelo do módulo FV. Analisando a Figura 4.7, as curvas do modelo de módulo estimado estão em boa coerência com o conjunto de dados experimentais em toda a gama de tensões.

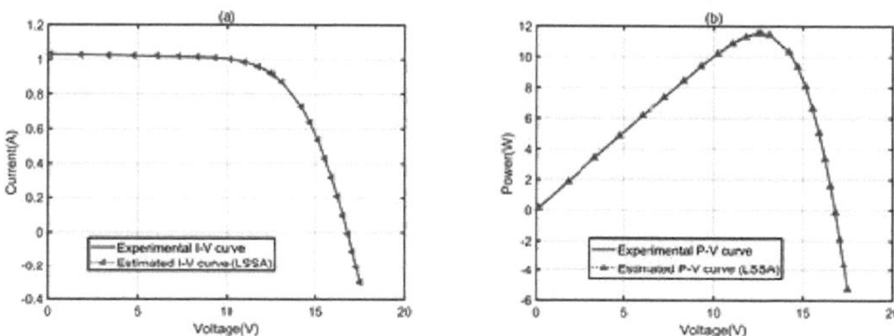

Figura 4.7: Evolução do RMSE de LSSA e SSA para (a) modelo de díodo simples (b) modelo de díodo duplo.

4.5.2 Comparação da LSSA com algoritmos conhecidos

Para verificar a capacidade e competitividade do método LSSA proposto, foram selecionados experimentalmente vários algoritmos metaheurísticos baseados em populações para comparação. O desempenho e a exatidão do algoritmo comparativo são testados para o problema de estimação de parâmetros de diferentes modelos fotovoltaicos, incluindo o SD, o DD e os módulos fotovoltaicos. Os algoritmos considerados são o DE adaptativo melhorado (IADE) [58], a otimização por enxame de abelhas artificiais (ABSO) [59], o global-HS baseado em agrupamento (GGHS) [17], a otimização generalizada baseada no ensino-aprendizagem de oposição (GOTLBO) [60], pesquisa de padrões (PS) [61], recozimento simulado (SA) [49], pesquisa de vizinhança adaptativa (ANS) [62, 63], aprendizagem baseada na biogeografia utilizando o algoritmo PSO (BLPSO) [64], optimizador de enxame competitivo (CSO) [65], algoritmo de ensino-aprendizagem baseado em técnicas caóticas (CTLA) [66], innovative global harmony search (IGHS) [17], otimização de baleias baseada num algoritmo de trajetória LF (LWOA) [67], symbiotic organisms search (SOS) [62], algoritmos de pesquisa de harmonia (HS) [17], otimização da reprodução assexuada utilizando técnicas caóticas (CARO) [68], optimizador PSO de aprendizagem abrangente (CLPSO) [69], JAYA [70], otimização baseada na biogeografia (DE/BBO) [50] e JAYA melhorado (IJAYA) [70]."

Caso 1: Célula fotovoltaica R.T.C. France com modelos de díodos simples e duplos

Nesta subsecção, são discutidos os resultados da comparação entre a LSSA e os outros algoritmos comparativos para identificar os parâmetros da célula FV utilizando os modelos SD e DD. As Tabelas 4.4 e 4.5 apresentam os resultados estatísticos de Melhor, Pior, Média e Std da função objetivo RMSE para os modelos SD e DD, respetivamente. Os resultados apresentados nas Tabelas 4.4 e 4.5 mostram que o LSSA superou todos os outros algoritmos, alcançando os valores mais baixos de RMSE de $9{,}8730e^{-4}$ para o modelo SD e $9{,}8689e^{-4}$ para o modelo DD. Além disso, os melhores parâmetros de todos os algoritmos aplicados para os modelos SD e DD são apresentados nas Tabelas 4.6 e 4.7, respetivamente.

Tabela 4.4: Resultados estatísticos do RMSE para o modelo de díodo único.

Algoritmo	Melhor	Pior	Média	Std
IADE	9.8900e-4	NA	NA	NA
ABSO	9.9124e-4	NA	NA	NA
GGHS	9.9078e-4	NA	NA	NA
GOTLBO	9.87442e-4	1.98244e-3	1.33488e-3	2.99407e-4
PS	2.863e-1	NA	NA	NA
SA	1.70e-3	NA	NA	NA
ANS	9.9689e-4	1.4385e-3	1.1051e-3	1.0141e-4
BLPSO	1.4836e-3	2.2415e-3	1.9092e-3	1.7404e-4
OSC	1.6358e-3	2.4104e-3	2.0058e-3	1.7398e-4
CTLA	1.0991e-3	1.8027e-3	1.3772e-3	1.7132e-4
LWOA	1.0873e-3	9.1622e-3	3.1119e-3	1.8838e-3
LSSA	9.8730e-4	1.3129148e-3	1.1000e-3	1.7953e-4

Tabela 4.5: Resultados estatísticos do RMSE para o modelo de díodo duplo.

Algoritmo	Melhor	Pior	Média	Std
PS	1.5180e-2	NA	NA	NA
SA	1.9000e-2	NA	NA	NA
ANS	1.0042e-3	1.4456e-3	1.1337e-3	9.9500e-5
BLPSO	1.5704e-3	2.5312e-3	2.0554e-3	2.0186e-4
OSC	1.7013e-3	2.7735e-3	2.2421e-3	2.2059e-4
CTLA	1.3216e-3	3.1002e-3	2.0145e-3	4.0895e-4
LWOA	1.3120e-3	1.3387e-2	3.5838e-3	2.6270e-3
IGHS	9.9097e-4	NA	NA	NA

HS	0.00126	NA	NA	NA
LSSA	9.8689e-4	1.13868e-3	1.200e-3	2.8329e-4

Tabela 4.6: Parâmetros óptimos estimados pelos algoritmos aplicados para o modelo SD.

Algoritmo	R_s	R_{sh}	I_{ph}	I_{sd} (V A)	n	Melhor RMSE
IADE	0.03621	54.7643	0.7607	0.33613	1.4852	9.8900e-4
ABSO	0.03659	52.2903	0.76080	0.30623	1.47583	9.9124e-4
GGHS	0.03631	53.0647	0.76092	0.32620	1.48217	9.9079e-4
GOTLBO	0.036265	54.115426	0.760780	0.331552	1.483820	9.8744e-4
PS	0.0313	64.1026	0.7617	0.9980	1.6000	2.863e-1
SA	0.0345	43.1034	0.7620	0.4798	1.5172	1.70e-3
ANS	0.0362	54.7917	0.7607	0.3407	1.4866	9.9689e-4
BLPSO	0.0347	96.5115	0.7599	0.4977	1.5257	1.4836e-3
OSC	1.2122	1689.0050	1.0205	0.3658	48.8206	1.6358e-3
CTLA	0.0357	61.1131	0.7650	0.4280	1.5092	1.0991e-3
LWOA	1.2218	1272.0197	1.0284	0.3145	48.2413	1.0873e-3
LSSA	0.0364813	53.0145	0.760787	0.314625	1.47854	9.8730 e-4

Tabela 4.7: Parâmetros óptimos estimados pelos algoritmos aplicados para o modelo DD.

Algoritmo	R_s	R_{sh}	I_{ph}	I_{sd1} (v A)	I_{sd2} (v A)	n1	n2	Melhor RMSE
PS	0.0320	81.3008	0.7602	0.9889	0.0001	1.6000	1.1920	1.5180e-2
SA	0.0345	43.1034	0.7623	0.4767	0.0100	1.5172	2.0000	1.9000e-2
ANS	0.0369	51.5905	0.7609	0.1785	0.2466	1.8181	1.4581	1.0042e-3
BLPSO	0.0338	78.6922	0.7607	0.5481	0.0542	1.5442	1.5765	1.5704e-3
OSC	0.0409	15.773	0.7628	0.7954	0.6780	1.6936	1.8138	1.7013e-3
CTLA	0.0313	89.6464	0.7570	0.8542	0.3812	1.7879	1.5230	1.3216e-3
LWOA	0.0355	86.8763	0.7597	0.2342	0.3709	1.4679	1.6989	1.3120e-3
IGHS	0.03690	56.8368	0.76079	0.97310	0.16791	1.92126	1.42814	9.9097e-4
HS	0.03545	46.82696	0.76176	0.12545	0.25470	1.49439	1.49989	0.00126
LSSA	0.036674	54.8841	0.760691	0.228594	0.258872	1.85649	1.46217	9.8689e-4

Modelo de módulo fotovoltaico

Relativamente à estimação dos parâmetros do modelo do móduloPV, a comparação dos resultados estatísticos dos diferentes algoritmos considerados é apresentada na Tabela 4.8. A partir desta tabela, é possível observar que os algoritmos propostos LSSA, IJAYA e SOS oferecem o melhor valor de RMSE de $2{,}4251e^{-3}$, quase seguido por CARO, JAYA, DE/BBO e CLPSO. Além disso, os melhores parâmetros de modelo obtidos para o modelo do módulo FV por todos os algoritmos aplicados são apresentados na Tabela 4.9. É evidente que o LSSA proposto fornece uma estimativa exacta dos parâmetros do modelo do módulo FV.

Tabela 4.8: Resultados estatísticos do RMSE para o modelo do módulo FV.

Algoritmo	Melhor	Pior	Média	Std
CLPSO	2.4281e-3	2.5433 e-3	2.4549e-3	2.5810e-5
DE/BBO	2.4283e-3	2.5256e-3	2.4616e-3	2.9251e-5
JAYA	2.4278e-3	2.5959e-3	2.4537e-3	3.4563e-5
CARO	2.4270e-3	NA	NA	NA
IJAYA	2.4251e-3	2.4393e-3	2.4289e-3	3.7755e-6
PS	1.18e-2	NA	NA	NA
SA	2.70e-3	NA	NA	NA
ANS	2.4310e-4	1.4385e-3	1.1051e-3	1.0141e-4

BLPSO	2.4296e-3	2.2415e-3	1.9092e-3	1.7404e-4
OSC	2.4537e-3	2.4104e-3	2.0058e-3	1.7398e-4
CTLA	2.4782e-3	1.8027e-3	1.3772e-3	1.7132e-4
LWOA	2.6352e-3	9.1622e-3	3.1119e-3	1.8838e-3
SOS	2.4251e-3	1.1982e-3	1.0245e-3	5.2184e-5
LSSA	2.4251e-3	2.5468e-3	0.0025	4.4641e-5

Os resultados globais apresentados nas Tabelas 4.4 e 4.9 demonstram claramente o desempenho superior do Algoritmo de Enxame de Levy Salp Melhorado (LSSA) proposto, fornecendo uma estimativa de parâmetros altamente precisa em vários modelos de células fotovoltaicas (PV), incluindo os modelos de Diodo Único (SD), Diodo Duplo (DD) e módulo PV. O LSSA supera consistentemente outros algoritmos, apresentando os valores mais baixos de erro quadrático médio (RMSE), o que indica uma correspondência mais precisa entre os parâmetros estimados e os reais. Esta precisão é crucial para captar os intrincados comportamentos não lineares inerentes às células fotovoltaicas, que são essenciais para otimizar a sua eficiência. Além disso, a robustez do LSSA é evidente em sua capacidade de lidar com diferentes complexidades de modelo, seja o modelo SD mais simples ou os modelos DD e de módulo mais complexos. A eficácia do algoritmo na obtenção destes resultados realça o seu potencial para aplicações mais vastas na modelação e otimização de sistemas fotovoltaicos, assegurando que os parâmetros estimados reflectem de perto o desempenho no mundo real, aumentando assim a fiabilidade e a eficiência globais dos sistemas de energia solar.

Tabela 4.9: Parâmetros óptimos estimados pelos algoritmos aplicados para o modelo SD.

Algoritmo	R_s	R_{sh}	I_{ph}	I_{sd} (IJ A)	n	Melhor RMSE
CLPSO	1.1978	1017.0	1.0304	3.6131	48.7847	2.4281e-3
DE/BBO	1.1969	1015.1	1.0303	3.6172	48.7894	2.4283e-3
JAYA	1.2014	1022.5	1.0302	3.4931	48.6531	2.4278e-3
CARO	1.20556	841.3213	1.03185	3.28401	48.40363	2.427 e-3
IJAYA	1.2016	977.3752	1.0305	3.4703	48.6298	2.4251e-3
PS	1.2053	714.2857	1.0313	3.1756	48.2889	1.18e-2
SA	1.1989	833.3333	1.0331	3.6642	48.8211	2.70 e-3
ANS	1.1967	1070.4564	1.0301	3.6650	48.8377	2.4310e-4
BLPSO	1.1964	1029.5378	1.0302	3.6462	48.8198	2.4296e-3
OSC	1.2122	1689.0050	1.0205	3.6578	48.8206	2.4537e-3
CTLA	1.2689	1722.6637	1.0248	2.6365	47.5838	2.4782e-3
LWOA	1.2218	1272.0197	1.0284	3.1435	48.2413	2.6352e-3
SOS	1.1991	1017.7	1.0303	3.5616	48.7291	2.4251e-3
LSSA	1.199637	996.19	1.030428	3.538974	1.352914	2.4251e-3

4.5.3 Teste experimental do módulo fotovoltaico Sharp ND-R250A5

Para demonstrar a eficácia do Algoritmo de Enxame de Levy Salp Melhorado (LSSA) proposto, aplicámo-lo para extrair os parâmetros desconhecidos dos modelos de Díodo Único (SD) e de Díodo Duplo (DD) com base em 60 pares de dados experimentais I-V do módulo fotovoltaico Sharp ND-R250A5. Esta avaliação foi efectuada em cinco condições de funcionamento distintas, caracterizadas por níveis de irradiação e temperatura variáveis: 223 W/m² a 41°C, 437 W/m² a 52°C, 646 W/m² a 61°C, 836 W/m² a 61°C e 1040 W/m² a 59°C.

A Tabela 4.10 detalha os parâmetros óptimos estimados, juntamente com os valores correspondentes de RMSE obtidos pela LSSA para cada uma destas curvas caraterísticas. Os resultados sublinham a robustez e a eficiência do algoritmo em diferentes condições ambientais. Apesar das variações significativas na irradiância e na temperatura, os valores de RMSE mantiveram-se consistentemente dentro da mesma ordem de grandeza, indicando que o algoritmo LSSA é altamente fiável no fornecimento de estimativas precisas dos parâmetros. Este desempenho consistente em todas as condições testadas realça a adaptabilidade e precisão do LSSA na modelação das caraterísticas não lineares das células FV, tornando-o uma ferramenta valiosa para otimizar o desempenho do sistema FV em diversos cenários ambientais. A capacidade do algoritmo de manter baixos valores de RMSE em condições variáveis reforça ainda mais o seu potencial para aplicações mais amplas em sistemas fotovoltaicos reais, onde os factores ambientais podem flutuar significativamente.

Tabela 4.10: Parâmetros óptimos e valores RMSE para diferentes condições de funcionamento com SD e DD (Sharp ND-R250A5).

Curva	1040 W/m^2 a 59 C	836 W/m^2 a 61 C	646 W/m^2 a 61 C	437 W/m^2 a 52 C	223 W/m^2 a 41 C
Parâmetros SD					
Rs	0.07056139	0.06821719	0.06847717	0.06934527	0.1143678
Rsh	367.874	337.5417	331.6348	481.5175	404.3128
I_{ph}	9.014763	7.248246	5.601254	3.780871	1.939852
Isd(A)	5.717986e-6	7.070464 e-6	6.696358e-6	2.862755e-6	4.864361e-7
n	1.370121	1.372765	1.367785	1.369976	1.313373
Melhor RMSE	5.5214e-3	4.0388e-3	2.8497e-3	5.0482e-3	1.5275e-3
Parâmetros DD					
Rs	0.07264621	0.07807313	0.07509928	0.061446	0.0978958
Rsh	480.1761	223.3844	431.9865	614.9711	445.7822
I_{ph}	9.007018	7.264956	5.593116	3.777432	1.937741
Isd1(A)	6.468959e-6	7.768088e-7	2.975461e-6	9.551831e-7	1.269224e-6
Isd2(A)	3.857222e-6	4.814182e-6	9.48079e-6	6.494224e-6	2.746897e-7
n1	1.674816	1.856204	1.309368	1.302384	1.600833
n2	1.341269	1.336433	1.607162	1.595105	1.280611
Melhor RMSE	7.9489e-3	2.3094e-3	5.5658e-3	6.056e-3	6.5579e-4

A Figura 4.8 ilustra a distribuição dos valores da função objetivo, medidos pelo erro quadrático médio (RMSE), juntamente com a distribuição do tempo de execução em 30 execuções independentes do algoritmo LSSA. Estes resultados referem-se à estimativa de parâmetros para modelos de díodos simples e duplos em várias curvas correspondentes a diferentes níveis de irradiância e temperatura. A figura demonstra efetivamente a consistência e a fiabilidade do algoritmo LSSA, apresentando a variabilidade e o comportamento de convergência em termos de precisão (RMSE) e eficiência computacional (tempo de execução). A observação destas distribuições fornece informações valiosas sobre a estabilidade do desempenho do algoritmo em diversas condições de funcionamento, realçando a sua adequação para a modelação precisa e eficiente de sistemas fotovoltaicos.

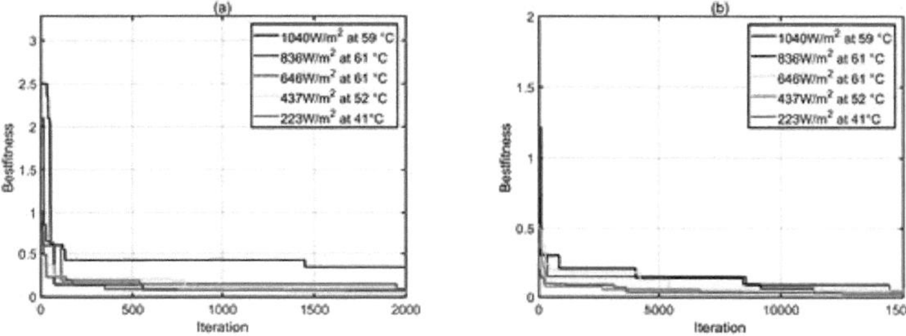

Figura 4.8: Evolução do RMSE da LSSA para (a) modelo de díodo simples (b) modelo de díodo duplo do PV Sharp ND-R250A5 em vários níveis de irradiância e temperatura.

A Figura 4.9 apresenta as curvas caraterísticas corrente-tensão (I-V) reconstruídas utilizando os modelos de Díodo Único (SD) e de Díodo Duplo (DD), com base nos parâmetros estimados fornecidos na Tabela 4.10 para várias condições de funcionamento. O elevado grau de concordância entre as curvas reconstruídas e os dados experimentais, independentemente dos diferentes níveis de irradiância e temperatura, sublinha a precisão e a fiabilidade do processo de estimativa dos parâmetros. Esta consistência em condições variáveis demonstra a robustez dos modelos SD e DD na captação eficaz do comportamento elétrico da célula FV. A correspondência precisa das curvas I-V realça a capacidade dos modelos para representar com precisão o desempenho das células fotovoltaicas, fornecendo uma base sólida para otimização e análise adicionais em aplicações do mundo real.

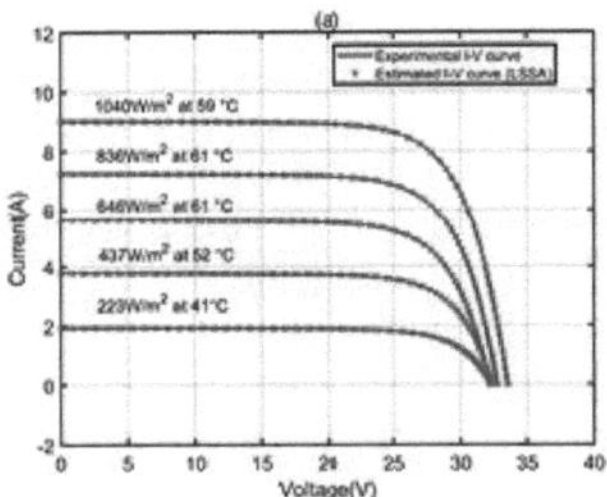

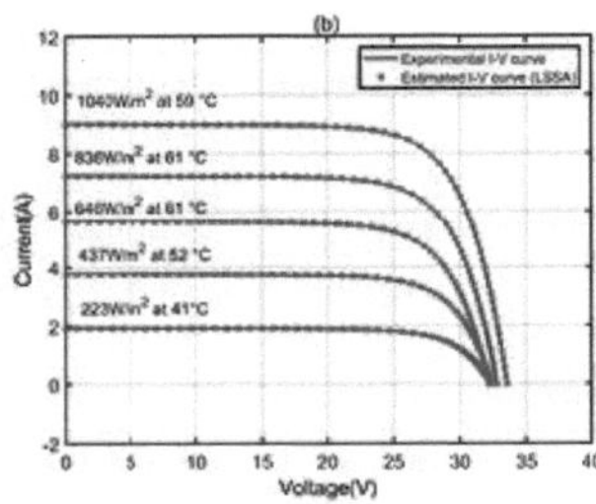

Figura 4.9: Comparação das caraterísticas I-V entre os dados experimentais e os dados simulados obtidos por LSSA para (a) modelo SD (b) modelo DD do módulo PV Sharp ND-R250A5.

As comparações acima mencionadas demonstram que a LSSA proposta apresenta um desempenho superior aos algoritmos apresentados na literatura, alcançando os melhores resultados globais para resolver o problema de estimação de parâmetros fotovoltaicos. O LSSA proposto beneficia de um bom equilíbrio entre os mecanismos de exploração e de explotação, tem melhor precisão, fiabilidade e convergência.

4.6 Conclusão

Neste capítulo, descrevemos uma nova variante do algoritmo de enxame de salpicos SSA baseada na integração da estratégia de voo de Levy, nomeadamente o algoritmo de enxame de salpicos baseado na trajetória de voo de Levy (LSSA). A técnica proposta alivia os inconvenientes da convergência lenta e da estagnação no ótimo local do algoritmo SSA padrão. O desempenho do LSSA é avaliado para a identificação de parâmetros dos modelos comerciais de células solares de silício R.T.C. France e de módulos Photowatt-PWP201, com base em dados padrão da literatura. Para confirmar a superioridade do método LSSA, são comparados alguns dos algoritmos mais conhecidos. Os resultados experimentais e comparativos indicam uma vantagem competitiva mais forte do LSSA em relação aos outros algoritmos concorrentes para a estimativa de parâmetros de modelos de díodos simples e duplos de células e módulos FV.

Além disso, a eficácia da LSSA foi testada em dados auto-medidos numa aplicação real do módulo PV Sharp ND-R250A5 em diferentes condições de funcionamento de irradiância e temperatura. Os resultados mostram que a proximidade entre os dados estimados e experimentais é evidente. A LSSA proposta mantém a sua eficiência e fiabilidade na estimativa dos parâmetros FV, independentemente dos vários níveis de irradiância e temperatura.

Conclusão geral

Este livro explora os recentes avanços no campo das meta-heurísticas, centrando-se na melhoria do Algoritmo de Enxame de Salp (SSA) e do Algoritmo de Otimização de Gafanhoto (GOA) para aplicações de otimização com um ou vários objectivos. O principal objetivo era melhorar o desempenho destes algoritmos, particularmente em termos de taxas de convergência e da capacidade de evitar a convergência prematura para óptimos locais, um problema recorrente em muitos algoritmos de otimização baseados em populações.

A SSA e a GOA, nas suas formas clássicas, sofrem frequentemente de uma falta de diversidade inicial devido à inicialização aleatória das soluções candidatas no espaço de pesquisa. Este facto pode limitar a sua capacidade de explorar eficientemente o espaço de pesquisa, levando à estagnação em mínimos locais. Para ultrapassar estas limitações, introduzimos variantes melhoradas destes algoritmos. O Algoritmo de Enxame de Salp Melhorado (ISSA), por exemplo, incorpora a trajetória de Levy e a função de espiral logarítmica para enriquecer as capacidades de exploração e exploração do algoritmo. Esta abordagem tem sido utilizada para resolver eficientemente problemas complexos de engenharia, tais como o projeto de vasos de pressão, vigas soldadas e molas de tensão/compressão, produzindo projectos óptimos que são superiores aos obtidos utilizando outros métodos metaheurísticos convencionais.

Paralelamente, foi desenvolvido o Algoritmo de Otimização Grasshopper Melhorado (IGOA) através da incorporação de um operador de crossover, que melhorou o desempenho do algoritmo numa vasta gama de funções de teste unimodais, multimodais e compostas, bem como em problemas reais de engenharia. Os resultados mostram que o IGOA supera significativamente alguns dos algoritmos metaheurísticos com melhor desempenho na literatura, confirmando a sua eficácia e robustez.

Introduzimos também o LMOGOA, uma versão multi-objetivo do GOA, que incorpora a trajetória de Levy para resolver problemas de otimização multi-objetivo com e sem restrições. O LMOGOA foi testado em funções de teste bem conhecidas, tais como ZDT1, ZDT2, ZDT3, bem como em funções com restrições, tais como CONSTR, TNK, SRN e BNH. Os resultados mostraram que o LMOGOA é capaz de explorar um espaço de pesquisa maior e gerar um conjunto diversificado de soluções de Pareto, proporcionando aos decisores uma escolha mais ampla e equilibrada de soluções óptimas. A superioridade deste algoritmo foi medida utilizando métricas padrão como a distância geracional (GD), a distância geracional inversa (IGD) e o desvio máximo (MS)

Outro aspeto inovador desta investigação diz respeito à aplicação do algoritmo Levy Flight Salp Swarm Algorithm (LSSA) à estimativa de parâmetros de células e módulos fotovoltaicos. A utilização da estratégia Levy-flight permitiu melhorar significativamente as capacidades de exploração do LSSA padrão, resultando em estimativas de parâmetros altamente precisas e fiáveis para vários modelos fotovoltaicos, sob diferentes condições de irradiação e temperatura.

Em conclusão, as contribuições apresentadas neste livro são promissoras para o desenvolvimento futuro de metaheurísticas avançadas. Os algoritmos desenvolvidos revelam uma melhor exploração das soluções, uma melhoria significativa da qualidade dos resultados e uma maior capacidade de adaptação aos desafios colocados pelos problemas reais. As aplicações potenciais destes avanços são vastas, desde sistemas de distribuição de água e gestão de redes inteligentes a outros contextos industriais complexos que exigem uma otimização multiobjectivo.

O trabalho futuro poderá centrar-se na integração destes algoritmos em sistemas autónomos de tomada de decisões, melhorando o seu desempenho através de plataformas de computação paralela e aplicando-os a domínios emergentes como a bioinformática e a otimização de redes de transportes. Além disso, a incorporação de técnicas de aprendizagem automática poderia aumentar ainda mais a eficácia das metaheurísticas, orientando e refinando as suas estratégias de pesquisa. Este livro serve assim de guia e inspiração para investigadores e profissionais que procuram explorar o potencial das metaheurísticas no domínio da otimização.

Bibliografia

Desejo-te tudo de bom, Dallel Nasri

[1] Peio Loubiere. *Amelioration des metaheuristiques d'optimiscation a l'aide de l'analyse de sensibilite.* Tese de doutoramento, Paris Est, 2016.

[2] Ilhem Boussaid. *Perfectionnement de metaheuristiques pour l'optimisation continue.* Tese de doutoramento, Paris Est, 2013.

[3] Riadh Madiouni. *Contribution a la synthese et l'optimisation multi-objectifpar essaims particulaires de lois de commande robuste RST de systemes dynamiques.* Tese de doutoramento, Universite Paris-Est, 2016.

[4] Charlie Vanaret. *Hybridation d'algorithmes evolutionnaires et de methodes d'intervalles pour l'optimisation de problemes difficiles.* Tese de doutoramento, INP Toulouse, 2015.

[5] Sophie Jacquin. *Hybridation des metaheuristiques et de la programmation dynamique pour les problemes d'optimisation mono et multi-objectif: application a la production d'energie.* Tese de doutoramento, Lille 1, 2015.

[6] Dallel Nasri e Diab Mokeddem. Algoritmo melhorado de otimização por enxame de salpicos para problemas de engenharia. Em *Advances in Computing Systems and Applications: Actas da 5ª Conferência sobre Sistemas e Aplicações Informáticas*, páginas 249-259. Springer, 2022.

[7] Dallel Nasri e Diab Mokeddem. Um algoritmo eficiente de otimização de gafanhotos usando crossover aritmético para otimização global. Em *Advances in Computing Systems and Applications: Actas da 5ª Conferência sobre Sistemas e Aplicações Informáticas*, páginas 225-235. Springer, 2022.

[8] Huanlong Zhang, Zeng Gao, Jie Zhang e Guanglu Yang. Rastreio visual com o algoritmo de otimização do gafanhoto do voo de Levy. Na *Conferência Chinesa sobre Reconhecimento de Padrões e Visão Computacional (PRCV),* páginas 217-227. Springer, 2019.

[9] Hossam Faris, Seyedali Mirjalili, Ibrahim Aljarah, Majdi Mafarja e Ali Asghar Heidari. Salp swarm algorithm: theory, literature review, and application in extreme learning machines. *Optimizadores inspirados na natureza*, páginas 185-199, 2020.

[10] Seyedali Mirjalili, Amir H Gandomi, Seyedeh Zahra Mirjalili, Shahrzad Saremi, Hossam Faris e Seyed Mohammad Mirjalili. Algoritmo de enxame Salp: Um optimizador bio-inspirado para problemas de design de engenharia. *Avanços no software de engenharia*, 114:163-191, 2017.

[11] Andy M Reynolds e Mark A Frye. O rastreio de odores em voo livre na drosófila é consistente com uma pesquisa intermitente óptima sem escala. *PloS one*, 2(4):e354, 2007.

[12] Diab Mokeddem. Um novo algoritmo de enxame salp melhorado utilizando o mecanismo de espiral logarítmica reforçado com caos para otimização global. *Evolutionary Intelligence*, páginas 1-

31, 2021.
[13] Seyedali Mirjalili e Andrew Lewis. O algoritmo de otimização da baleia. *Avanços em software de engenharia*, 95:51-67, 2016.
[14] Jie Luo, Huiling Chen, Ali Asghar Heidari, Yueting Xu, Qian Zhang e Chengye Li. Abordagens de otimização inspiradas em baleias mutantes impulsionadas por várias estratégias. *Modelação Matemática Aplicada*, 73: 109-123, 2019.
[15] Shahrzad Saremi, Seyedali Mirjalili e Andrew Lewis. Algoritmo de otimização Grasshopper: teoria e aplicação. *Avanços em software de engenharia*, 105:30-47, 2017.
[16] Mariam Mohamed, Mahmoud A Attia, Ahmed M Asim, Almoataz Y Abdelaziz e Neeraj Kanwar. Otimização da frequência de limpeza e do efeito da acumulação de poeiras nos painéis fotovoltaicos. *Jornal de Matemática Interdisciplinar*, 23(1):53-68, 2020.
[17] Alireza Askarzadeh e Alireza Rezazadeh. Identificação de parâmetros para modelos de células solares utilizando algoritmos baseados na procura de harmonia. *Solar Energy*, 86(11):3241-3249, 2012.
[18] Peijie Lin, Shuying Cheng, Weichang Yeh, Zhicong Chen e Lijun Wu. Extração de parâmetros de modelos de células solares usando um algoritmo de otimização de enxame simplificado modificado. *Solar Energy*, 144: 594-603, 2017.
[19] Ahmed Fathy e Hegazy Rezk. Estimativa de parâmetros do sistema fotovoltaico usando algoritmo competitivo imperialista. *Renewable Energy*, 111:307-320, 2017.
[20] Sankalap Arora e Priyanka Anand. Algoritmo de otimização de gafanhoto caótico para otimização global. *Computação Neural e Aplicações,* 31:4385-4405, 2019.
[21] Jianfa Wu, Honglun Wang, Na Li, Peng Yao, Yu Huang, Zikang Su e Yue Yu. Otimização de trajetória distribuída para rastreamento de alvos de múltiplos uavs movidos a energia solar em ambiente urbano por algoritmo de otimização de gafanhoto adaptável. *Ciência e Tecnologia Aeroespacial*, 70:497-510, 2017.
[22] Xin-She Yang. Um novo algoritmo metaheurístico inspirado em morcegos. *Estratégias cooperativas inspiradas na natureza para otimização (NICSO 2010)*, páginas 65-74, 2010.
[23] Xin-She Yang. Algoritmo Firefly, funções de teste estocásticas e otimização do design. *Revista internacional de computação bio-inspirada*, 2(2):78-84, 2010.
[24] Xin-She Yang e Suash Deb. Pesquisa de cucos através de voos de levy. No *congresso mundial de 2009 sobre computação inspirada na natureza e biológica (NaBIC)*, páginas 210-214. IEEE, 2009.
[25] Xin-She Yang. Algoritmo de polinização de flores para otimização global. Em *Computação Não Convencional e Computação Natural: 11ª Conferência Internacional, UCNC 2012, Orlean, França, 3-7 de setembro de 2012. Actas 11*, páginas 240-249. Springer, 2012.
[26] Min-Yuan Cheng e Doddy Prayogo. Pesquisa de organismos simbióticos: um novo algoritmo de otimização metaheurística. *Computers & Structures*, 139:98-112, 2014.
[27] A Kaveh e A Nasrollahi. Uma nova meta-heurística híbrida para o projeto estrutural: otimização por partículas ordenadas. *Engenharia e mecânica de estruturas: Uma revista internacional*, 52(2):405-426, 2014.
[28] Seyedali Mirjalili. O optimizador "ant lion". *Avanços em software de engenharia*, 83:80-98, 2015.
[29] John H Holland. Genetic algorithms. *Scientific American*, 267(1):66-73, 1992.
[30] Diab Mokeddem e Abdelhafid Khellaf. Soluções óptimas de um processo químico descontínuo multiproduto utilizando um algoritmo genético multiobjectivo com um sistema de decisão especializado. *Journal of Analytical Methods in Chemistry*, 2009, 2009.
[31] Vira Chankong e Yacov Y Haimes. *Tomada de decisão multiobjectivo: teoria e metodologia.* Publicações Courier Dover, 2008.
[32] Marialaura Di Somma. *Planeamento da operação óptima de sistemas de energia distribuídos através de uma abordagem multiobjectivo: Um novo caminho orientado para a sustentabilidade*. Tese de doutoramento, Tese de doutoramento. Napoli: Universita di Napoli Federico II, 2016.

[33] Diab Mokeddem e Abdelhafid Khellaf. Modelação e otimização multicritério de um processo industrial para a produção contínua de ácido lático. *Bioprocess and biosystems engineering*, 37(6): 1141-1150, 2014.

[34] Kalyanmoy Deb, Amrit Pratap, Sameer Agarwal e TAMT Meyarivan. Um algoritmo genético multiobjectivo rápido e elitista: Nsga-ii. *IEEE transactions on evolutionary computation*, 6(2):182-197, 2002.

[35] Feng Xue, Arthur C Sanderson e Robert J Graves. Evolução diferencial multi-objetivo baseada em Pareto. No *Congresso de 2003 sobre Computação Evolutiva, 2003. CEC'03.*, volume 2, páginas 862-869. IEEE, 2003.

[36] Ines Alaya, Christine Solnon e Khaled Ghedira. Otimização por colónias de formigas para problemas de otimização multi-objetivo. Na *19ª conferência internacional do IEEE sobre ferramentas com inteligência artificial (ICTAI 2007)*, volume 1, páginas 450-457. IEEE, 2007.

[37] Joshua D Knowles e David W Corne. Aproximação da frente não dominada usando a estratégia de evolução arquivada de pareto. *Evolutionary computation*, 8(2):149-172, 2000.

[38] Seyedeh Zahra Mirjalili, Seyedali Mirjalili, Shahrzad Saremi, Hossam Faris e Ibrahim Aljarah. Algoritmo de otimização Grasshopper para problemas de otimização multi-objetivo. *Inteligência Aplicada*, 48(4):805-820, 2018.

[39] Sankalap Arora e Priyanka Anand. Algoritmo de otimização de gafanhoto caótico para otimização global. *Computação Neural e Aplicações*, 31(8):4385-4405, 2019.

[40] Jie Luo, Huiling Chen, Yueting Xu, Hui Huang, Xuehua Zhao, et al. Um algoritmo de otimização de gafanhoto melhorado com aplicação à previsão de stress financeiro. *Applied Mathematical Modelling*, 64:654-668, 2018.

[41] Hongnan Liang, Heming Jia, Zhikai Xing, Jun Ma e Xiaoxu Peng. Limiarização multinível baseada no algoritmo de gafanhoto modificado para segmentação de imagens coloridas. *IEEE Access*, 7:1125811295, 2019.

[42] Ali Asghar Heidari e Parham Pahlavani. Um otimizador eficiente de lobo cinzento modificado com vôo de levy para tarefas de otimização. *Applied Soft Computing*, 60:115-134, 2017.

[43] Harish Sharma, Jagdish Chand Bansal e KV Arya. Colónia de abelhas artificiais baseada na oposição. *Memetic Computing*, 5(3):213-227, 2013.

[44] Dallel Nasri e Diab Mokeddem. Um novo algoritmo de otimização de gafanhoto baseado em trajetória de vôo levy para problemas de otimização multiobjetivo. Em *2020, Segunda Conferência Internacional sobre Sistemas Embarcados e Distribuídos (EDiS)*, páginas 76-81. IEEE, 2020.

[45] Dallel Nasri e Diab Mokeddem. Otimização de problemas multi-objetivo utilizando um algoritmo de gafanhoto de voo eficiente. *International Journal of High Performance Systems Architecture*, 11 (1):26-35, 2022.

[46] Eckart Zitzler, Kalyanmoy Deb e Lothar Thiele. Comparação de algoritmos evolutivos multiobjectivo: Empirical results. *Evolutionary computation*, 8(2):173-195, 2000.

[47] CA Coello Coello e M Salazar Lechuga. Mopso: Uma proposta de otimização por enxame de partículas com múltiplos objectivos. Em *Actas do Congresso de Computação Evolutiva 2002. CEC'02 (Cat. No. 02TH8600)*, volume 2, páginas 1051-1056. IEEE, 2002.

[48] Seyedali Mirjalili, Pradeep Jangir e Shahrzad Saremi. Optimizador multi-objetivo de leões de formiga: um algoritmo de otimização multi-objetivo para resolver problemas de engenharia. *Inteligência Aplicada*, 46 (1):79-95, 2017.

[49] Khaled M El-Naggar, MR AlRashidi, MF AlHajri, e AK Al-Othman. Simulated annealing algorithm for photovoltaic parameters identification (Algoritmo de recozimento simulado para identificação de parâmetros fotovoltaicos). *Solar Energy*, 86(1):266-274, 2012.

[50] Wenyin Gong, Zhihua Cai e Charles X Ling. De/bbo: uma evolução diferencial híbrida com otimização baseada em biogeografia para otimização numérica global. *Soft Computing*, 15(4):645-665, 2010.

[51] Seyedali Mirjalili, Amir H Gandomi, Seyedeh Zahra Mirjalili, Shahrzad Saremi, Hossam Faris e

Seyed Mohammad Mirjalili. Algoritmo de enxame Salp: Um optimizador bio-inspirado para problemas de design de engenharia. *Avanços no software de engenharia*, 114:163-191, 2017.

[52] Rosario Nunzio Mantegna. Algoritmo rápido e preciso para a simulação numérica de processos estocásticos estáveis. *Physical Review E*, 49(5):4677-4683, 1994.

[53] Martin Calasan, Drazen Jovanovic, Vesna Rubezic, Sasa Mujovic e Slobodan Dukanovic. Estimativa dos parâmetros de células solares de um e dois díodos utilizando uma abordagem de otimização caótica. *Energies*, 12(21):4209, 2019.

[54] Wenyin Gong e Zhihua Cai. Extração de parâmetros de modelos de células solares utilizando evolução diferencial adaptativa reparada. *Solar Energy*, 94:209-220, 2013.

[55] HGG Nunes, JAN Pombo, SJPS Mariano, MRA Calado, e JAM Felippe De Souza. Um novo método de alto desempenho para a determinação dos parâmetros de células e módulos fotovoltaicos baseado em otimização por enxame de partículas de convergência garantida. *Energia Aplicada,* 211:774-791, 2018.

[56] MR AlRashidi, MF AlHajri, KM El-Naggar e AK Al-Othman. Uma nova abordagem de estimativa para determinar as caraterísticas i-v das células solares. *Solar Energy*, 85(7):1543-1550, 2011.

[57] HGG Nunes, JAN Pombo, PMR Bento, SJPS Mariano, e MRA Calado. Inteligência de enxame colaborativa para estimar parâmetros fotovoltaicos. *Energy Conversion and Management*, 185:866-890, 2019.

[58] Lian Lian Jiang, Douglas L Maskell e Jagdish C Patra. Estimativa de parâmetros de células e módulos solares utilizando um algoritmo de evolução diferencial adaptativo melhorado. *Applied Energy*, 112:185-193, 2013.

[59] Alireza Askarzadeh e Alireza Rezazadeh. Algoritmo de otimização de enxame de abelhas artificiais para identificação de parâmetros de modelos de células solares. *Applied Energy*, 102:943-949, 2013.

[60] Xu Chen, Kunjie Yu, Wenli Du, Wenxiang Zhao e Guohai Liu. Identificação de parâmetros de modelos de células solares usando otimização baseada em aprendizagem de ensino oposicional generalizada. *Energia*, 99: 170-180, 2016.

[61] MF AlHajri, KM El-Naggar, MR AlRashidi e AK Al-Othman. Extração óptima de parâmetros de células solares utilizando a pesquisa de padrões. *Renewable Energy*, 44:238-245, 2012.

[62] Guojiang Xiong, Jing Zhang, Xufeng Yuan, Dongyuan Shi e Yu He. Aplicação do algoritmo de busca de organismos simbióticos para extração de parâmetros de modelos de células solares. *Ciências Aplicadas*, 8(11): 2155-2172, 2018.

[63] Guohua Wu. Pesquisa na vizinhança para otimização numérica. *Ciências da Informação*, 329: 597-618, 2016.

[64] Xu Chen, Huaglory Tianfield, Congli Mei, Wenli Du e Guohai Liu. Otimização de enxame de partículas de aprendizagem baseada em biogeografia. *Soft Computing*, 21(24):7519-7541, 2017.

[65] Ran Cheng e Yaochu Jin. Um optimizador de enxame competitivo para otimização em grande escala. *IEEE transactions on cybernetics*, 45(2):191-204, 2014.

[66] Anouar Farah, Tawfik Guesmi, Hsan Hadj Abdallah e Abderrazak Ouali. Um novo algoritmo de otimização caótico baseado no ensino-aprendizagem para o problema de conceção de estabilizadores de sistemas de energia multi-máquinas. *Revista Internacional de Sistemas Eléctricos e de Energia*, 77:197-209, 2016.

[67] Ying Ling, Yongquan Zhou e Qifang Luo. Algoritmo de otimização de baleia baseado em trajetória de voo Levy para otimização global. *Acesso IEEE*, 5:6168-6186, 2017.

[68] Xiaofang Yuan, Yuqing He e Liangjiang Liu. Extração de parâmetros de modelos de células solares usando otimização de reprodução assexuada caótica. *Computação Neural e Aplicações*, 26(5):1227-1239, 2015.

[69] Jing J Liang, A Kai Qin, Ponnuthurai N Suganthan e S Baskar. Optimizador de enxame de partículas de aprendizagem abrangente para otimização global de funções multimodais. *IEEE*

transactions on evolutionary computation, 10(3):281-295, 2006.
[70] Kunjie Yu, JJ Liang, BY Qu, Xu Chen e Heshan Wang. Identificação de parâmetros de modelos fotovoltaicos usando um algoritmo de otimização jaya melhorado. *Conversão e Gestão de Energia*, 150: 742-753, 2017.

Printed by Books on Demand GmbH, Norderstedt / Germany